Tarek Hosny Taha
Gihan Hosny Abd Elsamie
Reda Kamel Shaaban

Melhoria da bioremediação de petróleo bruto

Tarek Hosny Taha
Gihan Hosny Abd Elsamie
Reda Kamel Shaaban

Melhoria da bioremediação de petróleo bruto

Degradação microbiana

ScienciaScripts

Cover image: www.ingimage.com

This book is a translation from the original published under ISBN 978-620-2-30383-5.

Publisher:
Sciencia Scripts
is a trademark of
Dodo Books Indian Ocean Ltd. and OmniScriptum S.R.L publishing group

120 High Road, East Finchley, London, N2 9ED, United Kingdom
Str. Armeneasca 28/1, office 1, Chisinau MD-2012, Republic of Moldova, Europe
Managing Directors: Ieva Konstantinova, Victoria Ursu
info@omniscriptum.com

Printed at: see last page
ISBN: 978-620-8-58864-9

DE E PARA VÓS. ALÁ

Conteúdo

Resumo

Declaração do problema: Os derrames de petróleo bruto ocorrem sistematicamente durante o transporte, a produção e a refinação de petróleo e de produtos petrolíferos, causando graves problemas ecológicos e de saúde. Têm sido utilizados tratamentos físicos e químicos para a recuperação do petróleo bruto, mas com limitações de 10-15% do petróleo derramado. Estudos recentes estão a depender do processo de biorremediação, que é um método económico e sem perturbações para o ecossistema original. Além disso, o processo de biodegradação é capaz de produzir produtos finais seguros e ecológicos (CO_2 e água). **O objetivo deste estudo é** descrever as variáveis que controlam positiva e/ou negativamente o processo de biodegradação utilizando o desenho de Plackett-Burman, identificar os isolados bacterianos que coletivamente melhoram o processo utilizando PCR DGGE e, finalmente, determinar a matriz de imobilização mais preferível que protege os micróbios e melhora o processo de biorremediação. **Metodologia**: foram isolados diferentes consórcios bacterianos do Mar Mediterrâneo e testados quanto à sua capacidade de biodegradação do petróleo. O conteúdo microbiano do melhor consórcio de degradação foi comparado com o dos outros consórcios e os isolados mais potentes foram determinados utilizando PCR-DGGE. O consórcio selecionado foi submetido a uma otimização de uma variável no tempo (OVAT), seguida de um desenho de Plackett-Burman. Foram utilizadas diferentes matrizes para a imobilização das células microbianas, e a sua capacidade de biodegradação do óleo foi comparada com a das células livres. **Resultados**: Os resultados obtidos mostraram que quatro isolados bacterianos foram responsáveis pela maior percentagem de degradação do óleo e que a melhor matriz polimérica foi uma mistura de alginato e PVA. Finalmente, a matriz polimérica e a fonte de nitrogénio mostraram as variáveis mais positivas que controlam o processo de biodegradação. **Conclusão e significado**: a bioremediação é uma solução ambiental para problemas de derrame de petróleo que pode ser melhorada utilizando uma coleção de isolados microbianos em vez de um único isolado. A melhoria do processo pode ser conseguida através da proteção destas estirpes utilizando matrizes de imobilização.

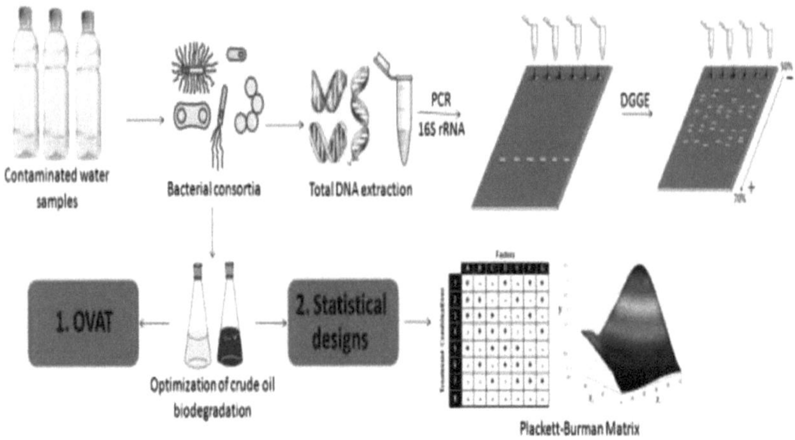

Esquema 1. Fluxograma do presente estudo de biodegradação

Capítulo 1

1. INTRODUÇÃO

1.1. Introdução geral

A produção e as operações petrolíferas têm causado graves problemas ecológicos. As refinarias de petróleo têm uma libertação constante para o ambiente, em consequência da enorme quantidade de hidrocarbonetos de petróleo para os ecossistemas marinhos e outros ecossistemas, devido a derrames acidentais de petróleo, infiltrações e rupturas de oleodutos **(Obayori *et al.*, 2009; Okerentugba & Ezeronye, 2003)**. O petróleo bruto é uma mistura complexa de uma variedade de hidrocarbonetos contendo alcanos, aromáticos, alicíclicos, hidrocarbonetos ramificados e compostos não hidrocarbonados, incluindo fracções contendo heteroátomos polares de azoto, enxofre e oxigénio (fração NSO) e asfaltenos. Os pesos moleculares dos componentes do petróleo variam de 16 (CH_4) a 10.000 **(Liang *et al.*, 2009)**.

A contaminação do ecossistema marinho pelos produtos da refinaria de petróleo bruto tornou-se um grave problema internacional devido ao seu impacto ambiental negativo e aos seus efeitos nocivos para a saúde. A exploração abusiva dos recursos petrolíferos offshore, a utilização e o transporte de produtos petrolíferos brutos, as descargas de resíduos e os acidentes que resultam em derrames de petróleo (que ocorrem frequentemente), resultam muitas vezes em impactos prejudiciais nos ecossistemas. Estes factores levam a que se dê cada vez mais atenção ao estabelecimento e implementação de tecnologias inovadoras para a limpeza e remoção de contaminantes de petróleo e hidrocarbonetos **(Bao *et al.*, 2012; Sathishkumar *et al.*, 2008)**.

O Mar Mediterrâneo apresenta um grande risco de potenciais cargas de poluição que se tornam fenómenos muito graves. Cerca de 40 instalações petrolíferas (terminais de oleodutos, refinarias, plataformas offshore, etc.) encontram-se ao longo da zona costeira do Mediterrâneo, de onde e para onde é transferida uma quantidade apreciável de 55 000 000 toneladas métricas de petróleo bruto por ano. Embora o Mediterrâneo represente menos de 1% da superfície marinha total da Terra, o tráfego de petroleiros representa mais de 20% do transporte mundial. Além disso, a direção geral do tratamento do petróleo no Mar Mediterrâneo está a aumentar, apesar da elevada carga de poluição por petróleo **(Margottini, 2011)**. A maior parte destes locais contaminados estão situados em ecossistemas agradáveis, como os lagos de praia e as lagoas poluídas, que beneficiariam vigorosamente da diminuição dos níveis de contaminação ou poluição. Muitos destes locais exigem uma aplicação urgente de estratégias de limpeza sustentáveis de acordo com abordagens biotecnológicas para melhorar a qualidade ambiental geral e a segurança dos cidadãos mediterrânicos que vivem nas áreas circundantes.

A biodegradação do petróleo bruto derramado nas águas marinhas através de meios físicos e químicos tradicionais é possível, mas apenas para 10-15% do petróleo **(Rahman *et al.*, 2002)**. Em comparação com os métodos físicos e químicos, como os skimmers (remoção de hidrocarbonetos à superfície), os adsorventes, os booms, os tensioactivos químicos, os oxidantes, etc., a biodegradação é um método economicamente viável, permite a degradação in situ sem perturbar os ecossistemas de origem **(Liang *et al.*, 2009)** e tem a capacidade de reduzir os contaminantes a produtos finais inofensivos (dióxido de carbono e água). A biodegradação ocorre por organismos vivos, especialmente microrganismos, e pode ser descrita como a conversão de compostos químicos poluentes em energia, biomassa celular e produtos residuais biológicos. As taxas de absorção e mineralização de muitos compostos orgânicos pelos microrganismos dependem da concentração dos compostos **(Olivera *et al.*, 1997; Rahman *et al.*, 2002)**.

O processo de biodegradação do petróleo bruto utiliza espécies microbianas naturais com elevada capacidade de degradação, recorrendo frequentemente às capacidades enzimáticas das populações de microrganismos autóctones de degradação de hidrocarbonetos e a factores ambientais modificadores **(Atlas, 1981)**. Um dos principais requisitos para a biodegradação do petróleo é a presença de microrganismos com as capacidades metabólicas adequadas. Se estes microrganismos se encontrarem também em condições óptimas de crescimento, a biodegradação dos hidrocarbonetos pode ser assistida pela presença de uma quantidade suficiente de nutrientes e de oxigénio e de um pH ideal. As propriedades físicas e químicas dos contaminantes petrolíferos e da superfície poluída são também parâmetros significativos para o sucesso da biodegradação.

A utilização de células bacterianas não imobilizadas para a degradação biológica de locais poluídos pode falhar, uma vez que os inoculantes têm de ser capazes de sobreviver a tensões bióticas e abióticas no ambiente contaminado, podendo assim causar outros problemas, como poluentes secundários **(Gentili *et al.*, 2006)**. Os consórcios bacterianos imobilizados demonstraram ser eficazes e têm vindo a receber cada vez mais atenção **(Tao *et al.*, 2009)**.

1.2. Definição de petróleo

O petróleo (também chamado petróleo bruto) é originalmente uma mistura complexa de hidrocarbonetos, geralmente no estado líquido, que pode incluir compostos como enxofre, azoto, oxigénio, metais pesados e outros elementos (ASTM D-4175). Podem também ser encontrados compostos de água e de materiais inorgânicos. Os produtos petrolíferos que têm mais de 80% de conteúdo aromático são conhecidos como (petróleo de base aromática). Têm sido feitos grandes esforços para definir ou classificar o petróleo bruto de acordo com as diferentes propriedades de destilação quando combinadas com outra propriedade, como a densidade. Foi sugerido que o petróleo deveria ser chamado de asfáltico se o resíduo da destilação contivesse menos de 2%.

1.3. Classificação do petróleo bruto

De acordo com a Agência de Proteção Ambiental dos Estados Unidos (USEPA) (1996), o petróleo bruto pode ser classificado da seguinte forma

- Classe A: Ligeiros (de pouco peso), óleos evaporáveis

Este petróleo bruto é caracterizado por um aspeto claro, vaporizável (volátil), espalha-se rapidamente nas superfícies de sólidos ou de água, tem um odor forte e é normalmente inflamável. Passa através de superfícies porosas de areia e sujidade, e pode ser persistente numa superfície de matriz. Além disso, não se fixa nas superfícies; a maior parte é removida por lavagem com água. A classe A é excessivamente tóxica para os seres humanos, o ecossistema marinho e outros microorganismos vivos. A maioria destes crudes ligeiros é utilizada como combustível e para a produção de energia. Os produtos de maior qualidade podem ser encontrados nesta classe.

- Classe B: Óleos não pegajosos

Uma classe de óleos que têm um carácter ceroso e que podem ser removidos das superfícies através de uma forte lavagem. Esta classe de petróleo é caracterizada por uma menor toxicidade para o ambiente do que a classe A. Além disso, fixam-se mais firmemente às superfícies e podem ser persistentes. A penetração através de substratos porosos aumenta a altas temperaturas. A vaporização dos voláteis pode dar origem a um resíduo de classe C ou D.

- Classe C: Óleos pesados e pegajosos

Os óleos da classe C têm um carácter muito viscoso, pegajoso ou alcatrão, e a sua cor é castanha ou preta. A defluxão com água não é fácil de remover das superfícies, mas o óleo não penetra nas superfícies porosas do substrato, mesmo a altas temperaturas. A densidade desta classe pode ser próxima da da água. A evaporação dos voláteis e os parâmetros climáticos podem produzir um óleo sólido ou pegajoso de classe D. A toxicidade é moderada, mas os animais selvagens podem ser afogados quando contaminados. Esta classe inclui fuelóleos residuais e crudes médios a pesados.

- Classe D: Óleos não fluidos

Os óleos da classe D são comparativamente não tóxicos, não atravessam substratos porosos e têm normalmente um aspeto preto ou castanho-escuro. Os óleos de classe D podem derreter a temperaturas elevadas e cobrir as superfícies, tornando a limpeza muito difícil. Os óleos residuais, os óleos brutos pegajosos, por vezes os óleos parafínicos de alto teor e alguns óleos envelhecidos pertencem a esta classe. Estas classificações são dinâmicas para os óleos derramados; o parâmetro de meteorização e a temperatura da água indicam estritamente o comportamento do petróleo e dos produtos petrolíferos manufacturados no ambiente. Por exemplo, se a temperatura diminuir, por exemplo, durante a noite, os voláteis evaporam-se do óleo de classe B e este pode transformar-se em óleo de classe C. Além disso, o óleo de classe C pode solidificar e assemelhar-se ao óleo de classe D a baixa temperatura e o óleo de classe D pode reverter para óleo de classe C **(United States Environmental Protection Agency USEPA, 1996)**.

1.4. Ocorrência de poluição por petróleo

Muito petróleo é utilizado e precisa de ser transportado por todo o mundo. Muitos países dependem do petróleo bruto para alimentar a sua economia. Estima-se que o mundo utilize cerca de 2,73 mil milhões de galões de petróleo por dia. Os Estados fazem de tudo para adquirir capacidade de produção de petróleo ou para ter acesso garantido ao livre fluxo de petróleo. Este facto deu origem a uma ou outra forma de conflito em certas zonas que, possivelmente, contêm reservas de petróleo. O petróleo bruto é utilizado como combustível para os transportes e nas fábricas; é útil para a produção de energia eléctrica, produção de asfalto, cera, plásticos, pesticidas, fertilizantes, aquecimento, produção de tintas e vernizes. Quando o petróleo se derrama, é em resultado de vários factores. Estima-se que 31,5 mil milhões de galões de petróleo estejam no mar a ser transportados, o que facilita a ocorrência de derrames. Foram registadas outras fontes de poluição, tais como oleodutos, poços de petróleo, tanques de armazenamento e navios que limpam os tanques. Quando qualquer tipo de petróleo é libertado no ambiente natural, o resultado é designado por "derrame de petróleo". A maioria das pessoas pensa em derrames de petróleo no mar quando se fala em derrame, esquecendo-se de que a fuga de petróleo para o ambiente natural também é um problema em terra.

Os ambientes marinhos em todo o mundo são ameaçados pelos efeitos da poluição, um risco particularmente elevado em bacias semi-fechadas como o Mar Mediterrâneo, que é pouco estudado do ponto de vista das capacidades de biodegradação, particularmente na costa sul. O elevado risco de poluição que se verifica no Mar Mediterrâneo deve-se ao forte transporte naval de produtos petrolíferos e às empresas de extração e refinação de petróleo que estão presentes em toda a costa da bacia **(Daffonchio *et al.*, 2012)**. Os locais de contaminação por petróleo foram estimados em cerca de dez pontos quentes relacionados com o petróleo na zona costeira do Mediterrâneo, incluindo o fabrico de petróleo, os últimos oleodutos e a poluição das plataformas. Numerosos países do Mar

Mediterrâneo extraem grandes quantidades de petróleo bruto e importam-no através de contentores, oleodutos e actividades concentradas de perfuração e extração de petróleo, o que aumenta a tendência para a contaminação por petróleo e é também a principal fonte de poluição **(Margottini, 2011)**.

1.4.1. A ocorrência de derrames de hidrocarbonetos no mar Mediterrâneo pode dever-se a

1) **Acidente**: Pode ocorrer devido a descuido ou má sorte. Este motivo é a causa mais reconhecida de derrame, envolvendo navios de grande porte no mar.
2) **Acidentes naturais**: inclui catástrofes, terramotos, condições meteorológicas adversas, etc., e é também responsável pelo derrame de petróleo e gás em grandes quantidades nos mares e oceanos.
3) **Derrames premeditados**: Podem ser formados em resultado de actos de selvajaria, terrorismo, vandalismo, guerras e lavagem de tanques e navios para o mar.

A formação de um derrame de hidrocarbonetos resulta de uma série de processos anteriores. O petróleo geralmente flutua na superfície da água porque é mais leve que ela. Para se afundar, tem de se agarrar a materiais mais pesados como o lodo, a areia e as algas. O processo seguinte ocorre quando os derrames de petróleo têm lugar e aparecem como poças prateadas ou da cor do arco-íris em parques de estacionamento. Este processo é o mais importante. A propagação do derrame de óleo é causada por forças gravitacionais que reduzem a tensão superficial e as forças de inércia.

A baía de El-Max, em Alexandria, Egito, é uma das zonas mais contaminadas por derrames de petróleo. Esta área é uma zona industrial localizada a oeste da cidade de Alexandria. Em consequência da extensão da produção pesada (refinação de petróleo e indústria petroquímica, produção de pasta de papel e metal, corantes e formação de têxteis), que resulta numa grande quantidade de resíduos não controlados, e também recebe grandes quantidades de resíduos industriais e de refinaria não tratados **(Fahmy *et al.*, 1997; Shriadah & Emara, 1996)**. Estes efluentes contêm derrames de petróleo e produtos químicos tóxicos, que são bombeados diretamente para a baía através de uma conduta na parte sul.

1.5. Impactos na saúde humana

Os impactos na saúde humana da exposição a derrames de petróleo têm um interesse particular para as agências de saúde pública e para o público em geral, que fazem grandes esforços para diminuir a poluição causada por derrames de petróleo. Uma vez que estes acontecimentos são difíceis de prever, são perniciosos para a generalidade das gerações e para as gerações seguintes e são altamente detetados pelos meios de comunicação social, o risco de danos causados por esta poluição é muito elevado **(Slovic, 1987)**, o que pode impedir uma resposta e comunicação eficazes dos perigos para a saúde.

Os derrames de hidrocarbonetos provocam um efeito tóxico direto e outros impactos na saúde física, na saúde mental e na saúde da comunidade. O efeito tóxico pode ocorrer quando os habitantes (humanos ou outros organismos vivos) são expostos à mistura complexa de compostos perigosos, incluindo compostos orgânicos voláteis como (tolueno, xileno, benzeno ou etilbenzeno), metais pesados, hidrocarbonetos aromáticos policíclicos (HAP) e em caso de queima descontrolada do petróleo derramado. Por último, estes efeitos tóxicos dos derrames de petróleo são susceptíveis de causar danos no ser humano e no seu bem-estar, incluindo a saúde mental, a recuperação e a coesão das comunidades.

1.5.1. Impactos na saúde física

Vários relatórios anteriores mencionaram os impactos a curto prazo da exposição à contaminação por hidrocarbonetos derramados em vários textos e populações. No entanto, nem todos os sectores da população serão afectados com o mesmo grau, o que pode causar dificuldades na avaliação da verdadeira prevalência de impactos específicos. Na literatura, os investigadores mencionam o efeito dos residentes nos trabalhadores humanos, que podem ou não ter contacto direto com os hidrocarbonetos derramados, e nos trabalhadores da limpeza, que estão em contacto direto e, por conseguinte, têm uma maior exposição aos produtos derramados, bem como aos riscos relacionados com as actividades de limpeza. Esta secção analisará a gama de impactos agudos na saúde física observados entre os residentes e os trabalhadores de limpeza afectados por derrames de hidrocarbonetos e examinará a forma como esses impactos variam com o tempo e o tipo de exposição. Analisaremos também as provas dos impactos a longo prazo na saúde devidos à exposição a derrames de petróleo e a utilização e eficácia do equipamento de proteção individual (EPI) e de outras medidas para atenuar esses impactos.

Vários estudos centraram-se nos riscos de efeitos tóxicos nos trabalhadores que participam em acções de limpeza e que, devido à natureza do seu trabalho, estão continuamente expostos aos hidrocarbonetos derramados. Estes trabalhadores de limpeza podem incluir voluntários não residentes, voluntários residentes, trabalhadores sem formação e profissionais experientes remunerados. Os efeitos respiratórios (tosse, pieira, falta de ar), as dores de cabeça, os distúrbios gastrointestinais (náuseas e vómitos) e as úlceras nos olhos e na garganta são os sintomas agudos mais comuns detectados pelos trabalhadores da limpeza **(Suarez *et al.*, 2005; Carrasco *et al.*, 2006; hm *et al.*, 2009; Gwack *et al.*, 2012; King & Gibbons , 2011; Morita *et al.*,1999)**, cujo risco aumenta com a duração prolongada do trabalho exposto. Depois de o Nakhodka ter encalhado ao largo da costa ocidental de Honshu, no Japão, os trabalhadores que se voluntariaram para os trabalhos de limpeza indicaram sintomas agudos, incluindo irritação dos olhos e ulceração da garganta, e cerca de 57% dos homens e 78% das mulheres com experiência de trabalho apresentam pelo menos um destes sintomas. No entanto, a monitorização da qualidade do ar ambiental e pessoal mostra que os hidrocarbonetos transportados pelo ar foram confirmados abaixo dos limites de exposição profissional e que os metabolitos dos hidrocarbonetos não foram significativamente aumentados na análise da urina. Numa análise mais pormenorizada, **(Suarez *et al.*, 2005)** referiram que os sintomas agudos diferiam entre os trabalhadores da limpeza (voluntários, trabalhadores assalariados, limpadores de aves e marinheiros) de acordo com o tipo de atividade de trabalho realizada, o grau de exposição ao petróleo derramado e a informação que lhes era disponibilizada. Por exemplo, os marinheiros que removem hidrocarbonetos no mar apresentaram os sintomas mais elevados de dores de cabeça (28%), queixas de garganta e respiratórias (30%), bem como tonturas, náuseas e vómitos (15%). Os marinheiros foram os que mais frequentemente referiram sofrer de odores; eram também, na sua maioria, fumadores, trabalhavam frequentemente com equipamento de proteção danificado ou sem equipamento de proteção nas áreas mais poluídas durante os períodos mais longos, tinham comido em contacto com o petróleo e eram os menos informados sobre segurança **(Suarez *et al.*, 2005; Carrasco *et al.*, 2006)**.

Em contrapartida, os trabalhadores não voluntários registaram apenas pequenos aumentos na prevalência de sintomas agudos, apesar de terem estado expostos à limpeza durante muito mais tempo. No entanto, o risco de sofrer sintomas agudos aumentou com a exposição a derrames de hidrocarbonetos durante mais de 20 dias, com o trabalho nas zonas mais poluídas e com o contacto com hidrocarbonetos na cabeça ou no pescoço **(Suarez *et al.*, 2005)**. O trabalho na água também pode implicar um aumento da exposição, uma vez que os COV podem ter tido pouco tempo de volatilização . No caso do derrame do Tasman Spirit, a limpeza de petróleo recém-derramado da água foi associada a uma função respiratória prejudicada, em comparação com controlos da mesma idade e sexo **(Perez *et al.*, 2007)**.

O derrame de petróleo do Hebei Spirit na Coreia do Sul, em 2007, ofereceu uma ocasião singular para compreender os sintomas agudos dos impactos dos derrames de petróleo na saúde. Uma vez que o acidente ocorreu perto de uma área contaminada compactada, vários dos estudos aplicados puderam analisar grandes populações de estudo. Imediatamente após o acidente, um grande número de voluntários (~200.000 pessoas) mobilizou-se para a limpeza. Depois de participarem em menos de 2 semanas de trabalho de limpeza **(Sim *et al.*, 2010)** mencionaram que, entre 846 voluntários inquiridos, 28% relataram náuseas, 18% relataram sintomas oculares, 30% relataram dores de cabeça, tonturas ou sonolência e 41% relataram sintomas respiratórios. Os sintomas respiratórios ocorreram após a participação em menos de 2 semanas de trabalho de limpeza. A ocorrência de dores de cabeça e de sintomas respiratórios estava relacionada com o aumento do número de dias de trabalho e com a maior duração do trabalho diário, respetivamente **(Sim *et al.*, 2010)**. Do mesmo modo, os militares coreanos (n = 3.198) que estiveram envolvidos em actividades de limpeza durante mais de 4 semanas apresentam uma maior prevalência auto-relatada de efeitos agudos específicos, incluindo sintomas neurológicos (dor de cabeça, tonturas, náuseas, fadiga e insónia), respiratórios (dor de garganta, boca seca, tosse e produção de catarro), dermatológicos (comichão na pele) e oculares (olhos sensíveis, com comichão ou lacrimejantes) em comparação com indivíduos que trabalharam durante uma semana ou menos **(Gwack *et al*, 2012)**. No mesmo estudo, foi também observado um aumento dos sintomas agudos nas pessoas que trabalham em locais extremamente poluídos, em comparação com as que trabalham em regiões menos afectadas. Estes e outros estudos são dignos de nota porque sugerem uma clara relação dose-resposta entre a exposição a derrames de petróleo e a gravidade dos efeitos.

Cerca de três estudos também utilizaram análises de urina para estabelecer uma ligação entre a exposição a COV, PAH e metais pesados e sintomas específicos. No geral, **(Cheong *et al.*, 2011)** descobriram que os trabalhadores de limpeza apresentavam níveis elevados de ácido mandélico, um indicador de exposição ao estireno, bem como níveis elevados de chumbo urinário, mercúrio e cádmio em comparação com habitantes não expostos de uma comunidade não afetada. Após o ajustamento para uma série de factores relacionados com a saúde e o grau geral de preocupação com a saúde, várias regressões logísticas mostraram que os níveis urinários de ácido hipúrico e ácido metil-hipúrico (indicadores de exposição ao tolueno e ao xileno, respetivamente) estavam associados a um maior risco de irritação nasal, vómitos e fadiga/febre. Os níveis urinários de chumbo, mercúrio, níquel e cádmio foram associados a um risco acrescido de irritação ocular, irritação dérmica e dor de cabeça **(Cheong *et al.*, 2011)**. **Ha *et al.*, 2013,** melhoraram estes resultados examinando metabolitos urinários em estudantes voluntários após um único dia de trabalho de limpeza, e encontraram níveis crescentes de ácido mandélico, ácido t,t-mucónico e 1-hidroxipireno (indicadores de exposição a benzeno, estireno e PAH, respetivamente). No entanto, embora os trabalhadores em ambos os estudos anteriores tenham mostrado um aumento da prevalência de sintomas agudos (perturbação visual, irritação nasal e brônquica, dor de cabeça, palpitação, dor abdominal, perturbação da memória/cognitiva e fadiga/febre) e o risco destes sintomas tenha aumentado com a duração do trabalho, estes sintomas não estavam, na sua maioria, estatisticamente relacionados com os níveis de metabolitos urinários **(Cheong *et al.*, 2011; Ha *et al.*, 2013)**. Além disso, embora os trabalhadores tenham apresentado aumentos nos metabólitos urinários em relação à sua linha de base pré-exposição, o aumento absoluto e relativo nos metabólitos de COV foi pequeno em comparação com exposições ocupacionais em outras manufaturas **(Sim *et al.*, 2010)**.

1.5.2. Potenciais efeitos dos dispersantes na saúde

Infelizmente, muito poucos investigadores têm sido informados sobre os efeitos dos dispersantes na saúde humana. Pensa-se que a exposição ocorre por inalação de gotículas. O composto é espalhado sobre a água a partir de aviões ou barcos. Nas células epiteliais das vias respiratórias humanas, a exposição aos dispersantes causou reduções dependentes da dose na viabilidade celular, aumento da expressão da proteína LC3B (um marcador de morte celular do tipo II) e marcadores de stress oxidativo **(Shi *et al.*, 2013)**; resultados semelhantes foram também demonstrados em hepatócitos humanos **(Bandele *et al.*, 2012)**. **(D'Andrea & Reddy, 2013)** descobriram que os trabalhadores expostos a uma combinação de petróleo derramado e do dispersante COREXIT durante mais de 3 meses durante a limpeza da Deep water Horizon apresentaram perfis hematológicos alterados (diminuição da contagem de plaquetas e aumento da hemoglobina e do hematócrito), bem como vários indicadores de disfunção hepática e renal. Estas alterações estavam associadas à presença de fenol na urina, um indicador da exposição ao benzeno derivado do petróleo, o que realça a dificuldade de separar os efeitos devidos à exposição ao petróleo dos efeitos devidos à exposição aos dispersantes. Estas alterações fisiológicas também foram persistentes, na medida em que foram detectadas entre 0-19 meses após o acidente **(D'Andrea & Reddy, 2013)**. Estes indicadores indicam que é necessária uma investigação mais aprofundada dos dispersantes.

1.5.3. Lesões físicas associadas ao trabalho de limpeza

Para além dos efeitos tóxicos devidos ao petróleo e aos dispersantes, as actividades de limpeza estão também associadas a um aumento da incidência de lesões físicas, principalmente dores lombares **(Suarez *et al.*, 2005; Ha *et al.*, 2012; Morita *et al.*, 1999; King & Gibbons, 2011)**. Embora a dor lombar tenha sido a lesão física mais prevalente registada nos estudos e entre eles, os dados recolhidos no ano seguinte às actividades de limpeza sugerem que esta condição se resolveu de forma relativamente rápida, com uma duração média de 1,8 meses entre os voluntários que participaram na limpeza do Hebei Spirit **(Na *et al.*, 2012)**. Outras lesões físicas registadas nestes estudos incluíram dores nos membros, cortes, contusões, bolhas, arranhões e ossos e dentes partidos, o que está de acordo com a natureza extenuante e de alto risco associada ao trabalho de limpeza. Durante a limpeza da Deep water Horizon, o stress térmico foi identificado como um fator de risco fundamental numa série de actividades, o que estava relacionado com a utilização de EPI e com o facto de a limpeza de derrames ter continuado durante os meses de verão **(King & Gibbons, 2011)**.

1.5.4. Impactos a curto e longo prazo na saúde mental

Em contrapartida, uma série de avaliações a nível comunitário sugeriu que os residentes das zonas costeiras apresentavam, de facto, indícios de uma prevalência invulgar de doenças mentais no ano seguinte ao derrame. **(Osofsky *et al.*, 2011)** concluíram que viver mais perto do derrame de petróleo estava significativamente associado a um aumento dos sintomas de stress pós-traumático, depressão e ansiedade; de um modo geral, a prevalência de sintomas relacionados com o stress pós-traumático (12%) e a doença mental (15%) na zona de impacto era muito superior à linha de base nacional (3% e 6%, respetivamente). Num estudo sobre duas comunidades que enfrentaram a catástrofe da Deep-Water Horizon, **(Grattan *et al.*, 2011)** verificaram que os membros da comunidade que perderam rendimentos durante os primeiros meses do derrame registaram níveis elevados de raiva, fadiga, depressão, tensão e confusão em comparação com os membros da comunidade que tinham rendimentos estáveis. Além disso, as pessoas que perderam rendimentos mostraram um baixo grau de resiliência pessoal e eram mais susceptíveis de se desligar ou "desistir" de lidar com a sua angústia, tal como determinado através de medidas padrão clinicamente validadas, pelo que podem ser mais vulneráveis a outros problemas psicológicos. Um ano após o acidente, **(Morris *et al.*, 2013)** verificaram que o número de pessoas que apresentavam sinais de ansiedade e depressão clinicamente significativos tinha aumentado drasticamente no grupo com perda de rendimentos, indicando uma exacerbação e não uma melhoria destes impactos ao longo do tempo.

1.5.5. Impacto da saúde mental nas crianças

Os impactos na saúde mental das crianças não se limitam apenas aos adultos. Um grande estudo (n = 1.361 participantes) realizado após o derrame do Hebei Spirit na Coreia revelou que as crianças em idade escolar que frequentavam a escola perto da costa afetada apresentavam um risco significativamente mais elevado de sintomas depressivos, especialmente entre as raparigas, em comparação com os seus colegas que frequentavam escolas mais afastadas da zona afetada. Este risco manteve-se elevado mesmo após a correção dos factores idade, sexo, tempo decorrido desde o acidente e preocupação/ansiedade com a saúde relativamente ao derrame; além disso, o risco aumentava à medida que a distância ao local do derrame de petróleo contaminado diminuía. O risco de ansiedade registou uma tendência semelhante, mas não atingiu significância estatística **(Ha *et al.*, 2013)**. Do mesmo modo, após o desastre da Deep-Water Horizon **(Abramson *et al.*, 2010)**, 27,5% das crianças da população exposta ao estudo sofreram algum tipo de perturbação mental (tristeza, depressão ou dificuldade em dormir) durante os primeiros 3,5 meses após a ocorrência do derrame, em comparação com apenas 10,9% das crianças não expostas. Além disso, entre os expostos, a percentagem de crianças que sofreram efeitos na saúde mental parece ter aumentado entre as crianças afro-americanas, em comparação com as crianças caucasianas, e entre as crianças de famílias com baixos rendimentos, em comparação com as de famílias com rendimentos mais elevados.

1.6. Biodegradação

A biodegradação pode ser vista como um processo biologicamente catalisado que conduz a uma redução da complexidade de um produto químico **(Alexander, 1999)**. A biodegradação final, designada por mineralização, dá origem aos produtos dióxido de carbono, água e outras substâncias inorgânicas, dependendo da estrutura da molécula que está a ser degradada **(Alexander, 1999)**. As fontes de carbono, juntamente com uma fonte de energia, são também utilizadas para o crescimento de nova biomassa. **(Megharaj *et al.*, 2011)** referiram que muitas substâncias químicas intensivas são utilizadas no ambiente construído, por exemplo, petróleo bruto; hidrocarbonetos aromáticos e alifáticos, hidrocarbonetos aromáticos policíclicos (HAP), combustíveis (benzeno, tolueno, etilbenzeno e xilenos), solventes orgânicos e metais pesados, todos estes produtos químicos contribuem para a poluição ambiental. A tecnologia de bioaumentação tem sido utilizada numa vasta gama para a degradação de compostos puros. Foi registada a mineralização de uma grande concentração do hidrocarboneto fenantreno **(Schwartz & Scow, 2001)**.

(Mac *et al.*, 1999) utilizaram tecnologia ecológica molecular para analisar a comunidade bacteriana encontrada em ambientes marinhos contaminados com petróleo e observaram que as proteobactérias foram detectadas nas impressões digitais de eletroforese em gel de gradiente desnaturante (DGGE) obtidas para parcelas oleadas, mas não nas de parcelas não oleadas. A bioestimulação aumenta a concentração indígena de microrganismos e acelera as taxas de biodegradação, melhorando os nutrientes e a biodisponibilidade dos contaminantes **(Si-Zhong *et al.*, 2009)**.

1.6.1. Estratégias de biodegradação

As estratégias de biodegradação são agrupadas em classes de in situ ou ex situ **(Aggarwal *et al.*, 1990)**. A biodegradação é a série de processos empregues e eficazes no tratamento de solos e ambientes marinhos contaminados com petróleo bruto e seus derivados **(Ghazali *et al.*, 2004; Riffaldi *et al.*, 2006)**. A taxa a que os hidrocarbonetos são remediados difere entre os métodos de bioremediação in situ e ex situ **(Jorgensen, 2007)**.

1.6.2. Processos de biodegradação in situ

A biodegradação in situ tem sido eficiente para o tratamento de águas subterrâneas poluídas com misturas de cloro e solventes, tais como tricloroetileno, pentaclorofenol, tetracloreto de carbono **(Dyer *et al.*, 2003; Klecka *et al.*, 1998)**; contaminantes tais como combustível e gasolina **(Curtis & Lammey, 1998; Bhupathiraju *et al.*, 2002)**, resíduos de petróleo **(Guerin, 2000)** e locais contaminados com alcatrão de carvão **(Durant *et al.*, 1997)**. Este processo envolve o tratamento do contaminante no local da contaminação **(Aggarwal *et al.*, 1990)** e divide-se em bio atenuação, bio estimulação e bio aumento. A biorremediação in situ também pode ser classificada em natural e projectada biodegradação **(Farhadian *et al.*, 2008)**

1.6.2.1. Biodegradação natural

Kao & Prosser, 2001 referiram que o principal método de degradação de mono aromáticos é a bioremediação natural e que 90% do tratamento (benzeno, tolueno, etilbenzeno e xileno) por esta técnica pode ser atribuído a processos de biodegradação intrínsecos. A atenuação natural é frequentemente limitada pela disponibilidade de nutrientes e pela concentração do aceitador de electrões **(Hunkeler *et al.*, 2002)**. É mais económica do que os processos de engenharia **(Andreoni & Gianfreda, 2007) e** reduz ou diminui a concentração de poluentes orgânicos de muitas áreas poluídas **(Roanling & Verseveld, 2002)**.

Tem havido conclusões contraditórias quanto à eficácia da bioaumentação e da bioestimulação; **(Van *et al.*, 2003)** concluíram que a adição de uma cultura microbiana comercial ao solo contaminado não era mais vantajosa do que a adição de nutrientes, mas um estudo recente de **(Liu *et al.*, 2008)** apresentou resultados contrários, em que a bioestimulação produziu uma taxa de biodegradação mais significativa. A atenuação natural provou ser mais eficaz do que a estimulação biológica (benzeno, tolueno, etilbenzeno e xileno) e o número de organismos degradadores de gasóleo e a população heterotrófica não foram influenciados pelo tratamento **(Bento *et al.*, 2005)**. Algumas investigações sobre a remoção de áreas poluídas através da bioremediação natural in situ estão resumidas na Tabela 1.

Tabela 1: **Estudos publicados sobre a investigação da remoção de crude de um local contaminado através de bioremediação natural in situ**

Contamination	**Electron acceptor (s)**	**Result (s)**	**Reference**
Benzene	Sulphate	Benzene degradation occurred in sulphate-reducing condition, data detect an effective natural ***attenuation*** results and benzene was remediated with sulphate as electron acceptor.	**Vogt *et al.*, 2007**
(Tar oil)	Nitrate, ferric, sulphate, methanogenic and oxygen aerobic condition	BTEX and PAH were degraded; benzene and phenanthrene were degraded in the presence of Fe (III). The microcosms utilizeethyl benzene and naphthalene under sulphate and Fe (III) reducing condition.	**Schulze & Tiehm, 2004**
PAH (Petroleum)	Fe(III) and methanogenic condition	Results from the polluted site with oil hydrocarbon shows that toluene and xylenes were treated under methanogenic condition while benzene and ethylbenzene grew as Fe (III) supplies decreased.	**Reinhard *et al.*, 2005**
BTEX (Petroleum)	Aerobic condition	Results showed that approximately 88% of the BTEX removal was as a result of natural biodegradation activities. 87% of the total benzene, toluene, ethyl benzene and xylene (BTEX) isomers removal was observed via natural attenuation.	**Kao & Prosser, 2001**
(gasoline)	Aerobic and methanogenic condition	Assimilation of dissolved oxygen, ferrous iron and methane distributions when compared to BTEX concentrations reviewed ground water ability to degrade all dissolved BTEX	**Kampbell *et al.*, 1996**

1.6.2.2. Engenharia de bioremediação

A biodegradação de engenharia é a série de um processo em que o desempenho da biodegradação é melhorado artificialmente. A bioremediação aeróbia in situ de contaminantes é por vezes limitada pela concentração de oxigénio dissolvido no meio. Métodos como a preservação do ar, a injeção de compostos libertadores de oxigénio, por exemplo, peróxido de hidrogénio, e fases de gás aprisionado têm sido utilizados para aumentar a concentração de oxigénio dissolvido nos meios **(Landmeyer & Bradly, 2003; Yang *et al.*, 2005)**. Alguns resultados da remoção de não aromáticos de locais poluídos através de biodegradação in situ melhorada estão resumidos na Tabela (2).

Tabela 2: Estudos publicados sobre a remoção de mono-aromáticos de sítios contaminados através de bioremediação in situ melhorada.

Contamination	Electron acceptor (s)	Result (s)	Reference
Benzene (petroleum)	Sulphate and Fe(III) anaerobic	Results showed that Sulphate can be an effective strategy for enhancing anaerobic benzene removal. Sulphate addition (in a short term incubation: less than 2 weeks) slightly enhance benzene degradation and caused a small decreased in the ratio of methane to CO_2 production from benzene. While addition of sulphate (in a long term incubation: more than 100 days) significantly stimulated benzene degradation with complete shift of CO_2 at the end product of benzene degradation.	**Weiner *et al.*, 1998**
BTEX Gasoline	Sulphate Anaerobic	Sulphate addition stimulates the rate of biodegradation of BTEX.	**Sublette *et al.*, 2006**
BTEX Petroleum	Nitrate Anaerobic	Nitrate addition resulted in loss of BTEX after initial lag phase 9days. Benzene losses were not observed over the 60 days period.	**Schreiber & Bahr, 2002**
BTEX Gasoline	Oxygen	Oxygen enhanced zone was able to biodegrade benzene and ethyl benzene which were relatively resistant to natural attenuation.	**Gibson *et al.*, 1998**
BTEX Petroleum	Nitrate and sulphate anaerobic condition	BTEX removal was increased after injection of nitrate and sulphate as compared to natural attenuation. Degradation of total xylenes appears linked to sulphate utilization.	**Cunningham *et al.*, 2001**
Benzene (petroleum)	Fe (III) anaerobic	Benzene and toluene were biodegraded when chelated Fe (III) was used as the terminal electron acceptor.	**Caldwell *et al.*, 1999**

1.6.2.3. Processos de bioremediação ex situ

A biodegradação ex situ é o processo pelo qual os poluentes orgânicos são removidos e tratados noutro local do sítio poluído **(Aggarwal *et al.*, 1990)**. Os tratamentos ex situ incluem a agricultura no solo, a composição, o chorume biológico e o empilhamento biológico **(Rhykerd *et al.*, 1999)**. Actividades biológicas do solo: as contagens microbianas, a respiração do solo, a biomassa do solo e as actividades enzimáticas podem ser utilizadas para determinar a extensão do processo de bioremediação do solo contaminado com petróleo **(Margesin *et al*, 2000). Diplock *et al.*, 2009)** sugeriram que o cumprimento de um ponto final de bioremediação pode ser utilizado para avaliar e prever a bioremediação de um contaminante. O potencial bioquímico para os contaminantes atingirem um nível-alvo é utilizado para definir o ponto final do processo de remediação **(Bundy *et al.*, 2004)**. No entanto, **(Joergensen *at al.*, 1995)** discordou que não é suficiente utilizar apenas o conteúdo remanescente de hidrocarbonetos no solo para aceder aos resultados da descontaminação biológica, porque nem todos os minerais são completamente mineralizados em dióxido de carbono durante a biodegradação. A quantificação da comunidade total de microrganismos degradadores; uma avaliação da quantidade de hidrocarbonetos disponíveis para os microrganismos e uma medida das restrições à biodegradação são parâmetros-chave para prever o desempenho provável de uma estratégia de biorremediação **(Paton *et al.*, 2005)**. **Lin *et al.*, 2010,** utilizaram um bioprocesso de bioaumentação e bioestimulação com um biochip de microarray de monitorização molecular integrado na operação de cultivo em terra para degradar eficazmente cerca de 70% e 63% do gasóleo e do fuelóleo, respetivamente, após um período de 28 dias. Os ensaios com biochip produziram uma eficiência de redução de hidrocarbonetos totais de petróleo (TPH) de 57% e 65% em 28 dias, respetivamente **(Frutosa *et al.*, 2012)**. **Radwan *et al.*, 2002** utilizaram a técnica de imobilização de bactérias degradadoras de óleo *Nocardioformes* e *Acinetobacter* em biofilmes que revestem macroalgas para remediar o n-octadecano e o fenantreno, enquanto **(Kermanshahi et al. ,2005)** utilizaram um biorreactor de airlift de células microbianas imobilizadas para a bioremediação aeróbia de águas subterrâneas contaminadas com gasóleo simulado.

1.7. Controlo da degradação do óleo

A degradação de contaminantes de petróleo ou hidrocarbonetos num sistema de biorreactor utilizando microrganismos está muitas vezes direta ou indiretamente relacionada com as actividades metabólicas dos micróbios degradadores e está normalmente associada a algumas alterações que fornecem informações úteis sobre o grau de biodegradação. A biodegradação pode assim ser medida ou monitorizada de várias formas. A atividade dos micróbios aeróbios, por exemplo, pode ser medida pela quantidade de oxigénio que consomem ou pela quantidade de dióxido de carbono que produzem. A biodegradação por micróbios anaeróbios também pode ser medida ou monitorizada pela quantidade de metano que podem ser capazes de produzir **(Diaz, 2008)**. A biodegradação também pode ser medida ou monitorizada em termos de absorção de nutrientes (particularmente azoto e fósforo) pelos microrganismos **(Kwaspisz *et al.*, 2008)**. Outros parâmetros normalmente utilizados no controlo do progresso da biodegradação do petróleo incluem o pH, a temperatura, o total de hidrocarbonetos de petróleo (TPH), bem como a densidade da população microbiana em qualquer momento.

1.7.1. Captação de oxigénio

A medição da absorção de oxigénio é um método simples que fornece uma estimativa rápida da atividade microbiana para amostras que contêm uma grande comunidade bacteriana e pode ser estimada por titulação de Winkler ou com um respirómetro ou elétrodo de oxigénio adequado. A assimilação de oxigénio aumenta com o aumento da atividade microbiana e diminui com a desaceleração ou fase de morte **(National Reseahrch Council, 1985)**.

1.7.2. Evolução do dióxido de carbono

A medição da evolução do CO_2 é também um método simples que fornece uma estimativa rápida da atividade de amostras que contêm um grande número de microrganismos. A estimativa do CO_2 pode ser efectuada por titulação com BaCO3 ou por análise de gás por infravermelhos **(National Research Council, 1985)**. A medição da evolução do dióxido de carbono como meio de monitorizar a degradação dos contaminantes de hidrocarbonetos não estaria, de momento, longe da precisão, uma vez que os micróbios, na sua busca de sobrevivência, são capazes de utilizar estes contaminantes de hidrocarbonetos como única fonte de carbono e energia, convertendo-os em produtos menos nocivos, principalmente CO_2 (gás) e água.

A utilização do consumo de oxigénio e da evolução do dióxido de carbono para a determinação da atividade a curto prazo cria o problema da determinação dos efeitos do óleo ou dos produtos da sua degradação na respiração endógena. Cada método de determinação da atividade metabólica de um microrganismo depende muito das condições experimentais utilizadas, incluindo o tipo de óleo e o estado físico do óleo a ser degradado **(National Research Council, 1985)**.

1.7.3. Densidade da população microbiana

Espera-se normalmente que o crescimento microbiano em qualquer sistema de bioreactor passe pelas quatro fases principais da curva de crescimento microbiano, nomeadamente as fases de atraso, exponencial, estacionária e de morte. Os micróbios após a degradação da poluição floresceriam ou aumentariam em número; uma indicação de que os micróbios estão a degradar ou a utilizar com sucesso a poluição em causa. Os números microbianos reduzidos ou estagnados dão geralmente uma indicação de não utilização do contaminante, o que pode ser devido à presença de factores desfavoráveis no sistema **(Prescott *et al.*, 2002)**.

1.7.4. Temperatura

A temperatura é um parâmetro que comanda a taxa de degradação da poluição, bem como a composição da comunidade microbiana que tem a capacidade de metabolizar os contaminantes. Nenhuma cultura única ou pura de microrganismos pode degradar completamente um determinado óleo, pelo que nenhuma temperatura única pode suportar o metabolismo de todos os microrganismos. As gamas de temperaturas óptimas aumentam as actividades metabólicas de diferentes espécies de microrganismos num consórcio, aumentando a taxa de degradação dos contaminantes. As baixas temperaturas abaixo da gama de temperaturas óptimas necessárias para espécies individuais ou puras de microrganismos num consórcio afectarão negativamente o crescimento e a multiplicação microbiana, inibindo as actividades enzimáticas e diminuindo assim a taxa de degradação. Além disso, a temperaturas superiores à gama óptima, é provável que as actividades enzimáticas sejam inibidas, uma vez que as proteínas desnaturam **(Leahy & Colwell, 1990)**.

1.7.5. pH

Tal como a temperatura, o pH também desempenha um papel importante na determinação da capacidade dos microrganismos para sobreviverem ou se desenvolverem em ambientes específicos. Geralmente, os micróbios, especialmente as bactérias, podem crescer de forma óptima num intervalo de pH estreito, entre 6,7 e 7,5. As actividades metabólicas dos micróbios num sistema podem frequentemente estar diretamente relacionadas com o pH (acidez ou alcalinidade) do sistema em estudo. Vários investigadores demonstraram que os microrganismos alteram o pH do seu substrato através da produção de produtos metabólicos residuais que são ácidos ou básicos durante o processo de biodegradação. Os ácidos orgânicos produzidos como resultado das actividades microbianas funcionam para baixar o pH do sistema, tornando-o assim mais ácido, ao contrário das bases orgânicas que aumentariam o pH do sistema para o tornar alcalino. Os processos anaeróbios resultantes de actividades fermentativas diminuem geralmente o pH do sistema. Dependendo da natureza do produto metabólico residual, o pH do sistema aumentaria ou diminuiria em correlação com a atividade e o número de micróbios. Uma subida ou descida do pH de um sistema daria, portanto, uma indicação da possível utilização de contaminantes de interesse pelos micróbios **(Prescott *et al.*, 2002)**.

1.7.6. Atividade da água/humidade

A água constitui a maior percentagem do citoplasma da célula e serve de veículo para o transporte de materiais para dentro e para fora da célula. A maioria das reacções enzimáticas ocorre em solução, sendo a água o solvente de base. A atividade da água ou o potencial hídrico (aw) dos solos, por exemplo, pode variar entre 0,00 e 0,99, em contraste com os ambientes aquáticos, nos quais a atividade da água é estável num valor próximo de 0,98 **(Bossert & Bartha, 1984; Leahy & Colwell, 1990)**. A biodegradação de hidrocarbonetos em ecossistemas terrestres, por exemplo, pode, portanto, ser limitada pela água disponível para o crescimento e o metabolismo microbianos **(Leahy & Colwell, 1990).**

1.7.7. Outros factores ambientais

Outras variáveis, como a pressão e a salinidade, também têm efeitos significativos nas taxas de degradação do petróleo pelos microrganismos. Há também relatos de que a foto-oxidação aumenta a biodegradação do óleo ou dos hidrocarbonetos de petróleo, aumentando a biodisponibilidade do óleo e, assim, melhorando as actividades microbianas **(Maki *et al.*, 2005).**

1.8. Hidrocarbonetos totais de petróleo (TPH)

O óleo mineral, o óleo de hidrocarbonetos, os hidrocarbonetos brutos extraíveis, os derrames de óleo e as gorduras são todos produtos totais de hidrocarbonetos de petróleo. São utilizados vários métodos analíticos para a determinação das concentrações destes produtos no ambiente. Não existe um método único que meça ou possa medir toda a gama de produtos derivados de hidrocarbonetos. Uma vez que os métodos diferem na forma de extração e deteção de hidrocarbonetos, cada um deles mede subconjuntos ligeiramente diferentes dos hidrocarbonetos derivados do petróleo presentes numa amostra. A composição química dos produtos de petróleo bruto é muito complexa e muda ao longo do tempo após a sua libertação no ambiente. Não existe uma única "melhor" técnica para avaliar todos os tipos de poluição petrolífera devido à complexidade do petróleo e dos produtos derivados do petróleo. Estes parâmetros dificultam a seleção do método analítico mais adequado para a avaliação de amostras ambientais que contenham hidrocarbonetos. Os métodos analíticos para quantificar as fracções de petróleo incluem os seguintes:

1.8.1. Gravimétrico

Neste método, a amostra é extraída utilizando um solvente orgânico adequado, o teor de óleo é separado pelo solvente e o solvente é evaporado para deixar o resíduo de óleo/gordura. Este método não fornece informações sobre a gama exacta de carbono e apenas mede óleos e massas lubrificantes.

1.8.2. Infravermelhos

Solvente adequado utilizado para a extração de produtos petrolíferos, espetrofotómetro de infravermelhos para medir a concentração de hidrocarbonetos. Com este método, o solvente não é evaporado. Os hidrocarbonetos leves são facilmente medidos com este método. Os solventes necessários devem comportar-se já não são utilizados por rotina devido aos perigos associados à utilização destes solventes, tais como os clorofluorocarbonetos.

1.8.3. Imunoensaio

Trata-se de um método relativamente novo que é largamente utilizado para medições de campo de concentrações indicativas da presença ou ausência de hidrocarbonetos. O método não fornece informações sobre a gama de carbono que pode ser eluída e é também suscetível de interferências de ácidos húmicos, etc.

1.8.4. Cromatografia gasosa

Neste método, as amostras são extraídas com um solvente orgânico adequado utilizando extração contínua líquido-líquido, soxhlet e extração por micro-ondas ou qualquer método de extração por solvente. Após a extração, o produto é analisado por cromatografia gasosa, sendo os compostos presentes detectados por ordem dos pontos de ebulição dos compostos. Os compostos são quantificados por comparação com padrões. Após a extração da amostra, o óleo é injetado numa coluna. Um gás inerte varre a amostra através de uma coluna estreita, separando os componentes. O produto resultante da coluna passa através da chama do detetor não seletivo, que degrada as moléculas orgânicas e produz iões. Os iões produzidos são recolhidos e o sinal elétrico mensurável é utilizado para confirmar a identidade e a quantidade dos compostos de interesse.

Alguns dos métodos acima mencionados medem mais compostos do que outros métodos, porque provavelmente empregam técnicas de extração mais rigorosas ou utilizam solventes mais eficientes para a extração (http://www.mpl.com.au/total-petroleum- hydrocarbons-93.htm)

1.9. Imobilização

A imobilização de uma molécula é o movimento dessa molécula no espaço que foi restringido completamente ou numa pequena região limitada por ligação a uma estrutura sólida. Em geral, o termo imobilização refere-se à restrição do movimento ou à impossibilidade de o fazer **(Yu *et al.*, 2004)**. A imobilização pode ser aplicada a enzimas, organelos celulares e células animais e vegetais.

As imobilizações de células inteiras têm sido desenvolvidas nos últimos anos como biocatalisadores em poluições ambientais que podem ser utilizadas para sistemas multienzimáticos. As células podem ser classificadas em três estados fisiológicos: morto, vivo e em crescimento. Assim, podemos escolher o estado mais adequado para o objetivo da aplicação

(Rahman *et al.*, 2006). Existem muitas diferenças entre a imobilização de células inteiras e de outros biocatalisadores, como as enzimas. A estabilidade térmica e a estabilidade funcional das células microbianas imobilizadas são superiores às dos sistemas enzimáticos. Além disso, os processos como a extração, separação e purificação das enzimas das células não são necessários. Não só as enzimas, devido à sua estrutura proteica, têm menos estabilidade em condições extremas, como também podem ocorrer reacções indesejadas em sistemas enzimáticos **(Stolarzewicz *et al.*, 2011)**.

A oportunidade de imobilização de células inteiras é diferente da indústria alimentar e das ciências biomédicas. Os microrganismos que permanecem vivos num suporte podem ser utilizados em processos de produção contínuos e semicontínuos (biossíntese de vitaminas, aminoácidos, ácidos orgânicos, produção de anticorpos monoclonais, recuperação de metais pesados, reação enzimática de células inteiras e fermentação de etanol), permitindo uma redução significativa dos custos devido ao biocatalisador recarregável **(Ohta *et al.*, 1994; Mrudula *et al.*, 2012)**

1.9.1. Historial da imobilização

A imobilização é um fenómeno nativo existente em todo o mundo. **Radwan *et al.*, 2002,** referiram que o princípio da imobilização já se encontra na natureza, uma vez que as amostras de microalgas recolhidas ao longo da costa do Golfo estavam revestidas por biofilmes de bactérias utilizadoras de petróleo que ajudam a degradar os hidrocarbonetos presentes na água do mar.

Os biofilmes são comunidades microbianas fixadas à superfície, compostas por múltiplas camadas de células embebidas em matrizes hidratadas **(Kierek & Karatan, 2005)**. Os biofilmes expandem-se em superfícies ou no interior de estruturas naturais, tais como grãos, corpo, um dente, vidro, um tubo ou conduta de água, etc. **(Carpentier & Cerf, 1993)**. Este fenómeno natural incentivou o homem a utilizá-lo para os seus serviços. A imobilização enzimática foi aplicada para a produção contínua de L-aminoácidos a partir de acil DL-aminoácidos pela primeira vez em 1969. A imobilização da enzima aminoacilase, desde o final dos anos 70, tem sido amplamente utilizada em muitos laboratórios **(Chibata *et al.*, 1972)**.

1.9.2. Tipos de imobilização

Foram utilizadas diferentes formas de imobilização de células, incluindo a adsorção, a ligação covalente, o aprisionamento e o encapsulamento, como mostra a figura 1. De entre estes métodos, o entrançamento tem sido amplamente investigado **(Jack & Zajic, 1977).**

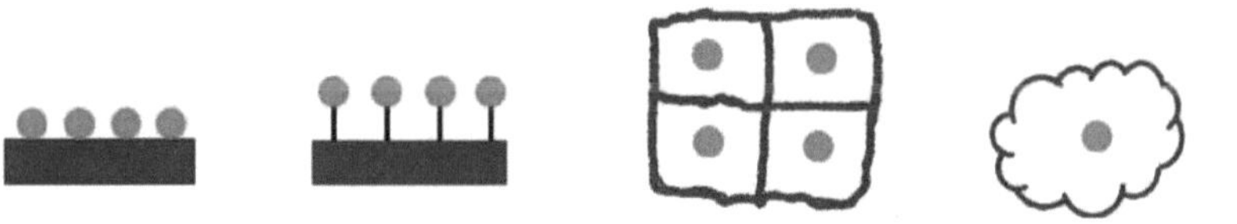

Figura 1: Tipos de imobilização.

1.9.2.1. Adsorção

Esta técnica reversível para a imobilização de células inteiras de microrganismos baseia-se na interação física entre a célula microbiana inteira e a superfície de uma matriz insolúvel em água. É mais comummente utilizada para a fixação de células. A imobilização por adsorção é simples, misericordiosa, rápida, economicamente vantajosa e não necessita de aditivos químicos. Além disso, é fácil de realizar o processo com a possibilidade de recarregar o transportador. Na interação entre a célula microbiana e a superfície do suporte, as forças fracas incluem ligações de hidrogénio, ligações iónicas, ligações hidrofóbicas e ligações de van der Waals

forças. Uma caraterística desfavorável desta técnica é o facto de a enzima adsorvida poder escapar do material de suporte durante a utilização devido à fraca força de ligação entre a enzima e o suporte. As células inteiras microbianas imobilizadas utilizando a técnica de adsorção incluem uma elevada taxa de fuga do suporte devido a interações fracas e instáveis, sem possibilidade de controlar a carga, pelo que a reprodutibilidade também é baixa **(Leon *et al.*, 1998; Argin *et al.*, 2004).**

1.9.2.2. Ligação covalente

A ligação covalente é uma imobilização eversível caracterizada pela formação de uma ligação covalente entre o material de suporte e a célula microbiana inteira na presença de um agente de ligação (reticulação). O método de imobilização covalente é utilizado principalmente para a imobilização de enzimas, mas raramente é aplicado na imobilização de células inteiras porque a toxicidade dos agentes de ligação resulta muitas vezes na diminuição da viabilidade celular ou da atividade enzimática **(Groboillot *et al.*, 1994).**

1.9.2.3. Aprisionamento

A técnica de aprisionamento é uma imobilização celular irreversível que se caracteriza pela captura de partículas ou células num material de suporte ou no interior de uma fibra oca. Neste tipo de técnica, forma-se uma barreira protetora à volta dos microrganismos imobilizados que impede a fuga das células microbianas dos polímeros para o meio ou substrato circundante, permitindo também a transferência de massa de nutrientes e metabolitos. O aprisionamento é o método mais importante aplicado na imobilização de células. A vantagem da técnica de imobilização celular por aprisionamento é o facto de ser rápida, não dispendiosa, não ser tóxica para as células ou para o substrato e de serem necessárias condições moderadas para o processo de reação. As principais desvantagens desta técnica são os danos da matriz de suporte durante as limitações de difusão de uso, a desativação durante a imobilização e a baixa capacidade de carga como biocatalisadores **(Trelles & Rivero, 2013)**. Têm sido utilizados diferentes tipos de materiais de suporte, tais como celulose e seus derivados, ágar, quitosano, alginato, celite, poliestireno, poliuretano, colagénio, resina epóxi, resinas foto reticuláveis, poliéster e polímeros acrílicos **(Lopez & Marques, 1997)**. Estes materiais de suporte devem ter uma estrutura porosa, pelo que os contaminantes e os vários produtos metabólicos podem difundir-se facilmente na matriz. A relação entre o tamanho das partículas imobilizadas e o tamanho dos poros do material de suporte é provavelmente o parâmetro mais importante.

Quando os poros são demasiado grandes, o material vaza, o que também diminui a carga **(Verma *et al.*, 2006)**.

1.9.2.4. Encapsulamento

O encapsulamento é outra técnica irreversível semelhante ao aprisionamento. Esta técnica pode ser realizada envolvendo os componentes celulares microbianos em várias formas de membranas esféricas semipermeáveis com uma permeabilidade selectiva controlada **(Bickerstaff, 2000)**.

A relação entre o tamanho dos poros da membrana e o tamanho da matriz do núcleo é um fator importante neste fenómeno. Esta disponibilidade limitada para o interior da microcápsula é uma das principais vantagens do microencapsulamento, devido à proteção do biocatalisador contra as condições adversas. Tal como a maioria dos métodos de imobilização, evita a fuga do biocatalisador, aumentando assim a eficiência do processo **(Park & Chang, 2000)**.

1.9.3. Aplicação da imobilização para utilização na bioremediação de poluentes

Atualmente, é necessário um elevado nível de factores de poluição ambiental e o tratamento de locais contaminados com petróleo bruto **(Hassanshahian *et al.*, 2012b)**. Todos os métodos de imobilização, como a adsorção, a ligação covalente, o aprisionamento e o encapsulamento, foram experimentados para a bioremediação do petróleo bruto. A elevada eficiência de imobilização das células na matriz de imobilização e a elevada afinidade entre a matriz de imobilização hidrofóbica e os substratos causaram uma excelente degradação. O aumento da disponibilidade dos substratos para as células microbianas e uma melhor interação entre os substratos e as células microbianas imobilizadas resultaram sinergicamente no desenvolvimento da taxa de degradação **(Wilson & Bradley, 1996)**.

(Omar & Rehm, 1988) relataram que *Candida parapsilosis* e *Penicillium frequetans*, quando imobilizados em colunas de argila granular, degradaram eficientemente os n-alcanos. Verificaram que os resíduos de alcanos C12 a C18 no sistema de células bacterianas imobilizadas são de 13,4 a 32,3%, respetivamente; enquanto que nos sistemas de células bacterianas livres são de 85,9 e 98,9%, respetivamente. **Davis & Westlake, 1978,** demonstraram que a imobilização de células microbianas em superfícies inertes aumentava a área de superfície disponível para facilitar o crescimento da biomassa e também aumentava a taxa de biodegradação.

De acordo com **(Obuekwe & Al-Muttawa, 2001)**, uma estirpe *de Arthrobacter* sp. e uma estirpe *de bacilo* Gram negativo foram isoladas de lagos petrolíferos do Kuwait e depois incubadas com serradura, esferovite ou farelo de trigo como matriz de suporte, em condições de baixo teor de nutrientes, formaram-se culturas imobilizadas mediadas por exo-polissacáridos estáveis. Os autores testaram a capacidade de sobrevivência e de degradação de hidrocarbonetos durante 6 semanas a 45 °C. As suspensões de células livres degradaram menos petróleo bruto do que as células recentemente imobilizadas.

Noutro estudo **(Quek *et al.*, 2006)** relataram a imobilização de *Rhodococcus* sp, F92 em espuma de poliuretano (PUF) na bioremediação de hidrocarbonetos de petróleo. As células imobilizadas em foram capazes de degradar uma variedade de produtos petrolíferos, tais como crude leve da Arábia, crude AlShaheen, gasóleo e resíduos de petróleo.

Radwan *et al.*, 2002 imobilizaram bactérias que utilizam óleo em biofilmes que revestem macroalgas. Esta imobilização natural pode proteger as bactérias de serem lavadas e diluídas, fornecendo-lhes também oxigénio e, provavelmente, compostos de azoto e fósforo e vitaminas para as bactérias utilizadoras de óleo.

Gentili *et al.*, 2004 utilizaram flocos de quitina e quitosana para a imobilização de *Rhodococcus corynebacterioides* QBT. Estas matrizes são naturais, não tóxicas, não poluentes e biodegradáveis, obtidas a partir de camarões e caranguejos. A QBT *de R. corynebacterioides* imobilizada em flocos de quitina e quitosana aumentou a biodegradação do petróleo bruto.

(Wiesel *et al.*, 1993) relataram que uma cultura bacteriana mista imobilizada em argila granular apresentou um bom crescimento e demonstrou uma capacidade de degradação equivalente de hidrocarbonetos poliaromáticos (PAH) em comparação com células livremente suspensas no seu sistema de solo modelo.

Diaz *et al.*, 2002 utilizaram bactérias de cultura mista imobilizadas (consórcio) MPD-M em fibras de polipropileno para a biodegradação de petróleo bruto em água com salinidades que variavam de 0 a 180 g L^{-1}. Observaram que as células bacterianas imobilizadas aumentavam significativamente a taxa de biodegradação do petróleo bruto em comparação com as células de vida livre, o consórcio bacteriano MPD-M era altamente estável em sistemas imobilizados e não era muito afetado pela adição de salinidade, também a biodegradação de pristina (PR) e fitano (PH) e da fração aromática também aumentava utilizando células imobilizadas em fibras de polipropileno.

Xu & Lu, 2010, aprovaram que a remoção de óleo num solo contaminado com petróleo bruto foi aumentada pela aplicação de bactérias degradadoras de hidrocarbonetos imobilizadas em pó de casca de amendoim como matriz de bio-transporte. Este bio-transportador proporciona uma área de superfície suficiente e uma forte capacidade de adsorção, além de melhorar a difusão do oxigénio e aumentar a atividade da desidrogenase no solo.

A capacidade de degradação de óleo do consórcio bacteriano imobilizado em cocopeat, pó de casca de arroz e cápsulas de alginato de sódio foi comparada por **(Nunal *et al.*, 2014)**. Eles demonstraram que a imobilização dos degradadores de óleo na superfície do cocopeat reduziu mais o óleo, em comparação com o encapsulamento em gel de alginato de sódio. A maior degradação do óleo pelas células imobilizadas em cocopeat é presumivelmente devida à população microbiana altamente retida ligada à superfície do bio-transportador, proporcionando um nicho protetor, a natureza porosa do cocopeat pode permitir uma difusão eficiente do substrato, libertação lenta de nutrientes e aceleração da transferência de oxigénio, proporcionando assim um nicho adequado para a utilização de hidrocarbonetos. Além disso, as células bacterianas encapsuladas podem não ter permissão para multiplicação dentro da matriz de alginato e subsequente libertação para o meio POIJ **(Nunal *et al.*, 2014).**

Cocquempot *et al.*, 1981, verificaram que as células imobilizadas em PUF eram mais excelentes do que as imobilizadas em alginato devido à estabilidade de armazenamento e à atividade microbiana. A utilização de espumas de poliuretano desenvolveu-se devido à vasta gama de porosidade, propriedades mecânicas e hidrofobicidade das espumas de poliuretano. Por exemplo, **(Oh *et al.*, 2000)** imobilizaram *Yarrowia lipolytica* em espumas de poliuretano para a degradação biológica de petróleo bruto.

Weir *et al.*, 1995b testaram *a Pseudomonas aeruginosa* UG14 encapsulada em alginato, argila e leite desnatado para a degradação biológica do fenantreno. Verificaram que a sobrevivência das células encapsuladas era maior após 30 dias, enquanto as células livres sobreviviam apenas durante 18 dias.

1.10. Desenho experimental de Plackett-Burman

No âmbito da teoria da otimização, uma experiência é uma série de testes em que as variáveis de entrada são alteradas de acordo com uma determinada regra, a fim de identificar as razões para as alterações na resposta de saída. O processo é uma combinação de máquinas, métodos, pessoas e outros recursos que transformam um input num output que tem uma ou mais respostas observáveis. Algumas das variáveis do processo são controláveis, enquanto outras variáveis são incontroláveis, embora possam ser controláveis para efeitos de um teste. Os objectivos da experiência incluem: determinar que variáveis são mais influentes na resposta, determinar onde definir as variáveis controláveis influentes de modo a que a resposta esteja quase sempre próxima do valor ótimo desejado, de modo a que a variabilidade na resposta seja pequena, de modo a que o efeito das variáveis incontroláveis seja minimizado. O objetivo da experiência é essencialmente a otimização. Normalmente, estão envolvidos dados sujeitos a erros experimentais e os resultados podem ser significativamente afectados por qualquer outro parâmetro. Por isso, é preferível analisar os dados com métodos estatísticos adequados. Os objectivos dos métodos estatísticos no desenho experimental são a replicação, a aleatorização e o bloqueio. A replicação é a repetição da experiência de modo a obter um resultado mais exato e a estimar o erro experimental. A aleatorização significa a ordem aleatória pela qual as execuções da experiência devem ser efectuadas. As condições de uma série não dependem das condições da série anterior nem prevêem as condições das séries seguintes. O bloqueio tem por objetivo isolar um efeito de enviesamento sistemático conhecido e evitar que este obscureça os efeitos principais. Isto é conseguido organizando as experiências em grupos que são semelhantes entre si. Desta forma, as fontes de variabilidade são reduzidas e a precisão é melhorada.

1.11. Objetivo do estudo

Objectivos gerais:

O presente estudo tem como objetivo específico

(1) Conceção de uma nova abordagem para a despoluição dos recursos hídricos.

(2) Utilização de materiais biológicos como técnica de limpeza da contaminação por hidrocarbonetos no ambiente.

(3) Analisar a validade e a produtividade da nova abordagem à escala laboratorial; e

(4) Otimização da técnica de despoluição da água ou de bioremediação utilizando a melhor superfície portadora.

Objectivos específicos:

1) Isolamento de diferentes consórcios bacterianos de diferentes sítios contaminados.

2) Seleção do melhor consórcio de degradação de petróleo bruto em função da quantidade de óleo residual.

3) Otimização das melhores condições para o processo de biodegradação.

4) Identificação molecular dos membros bacterianos do consórcio selecionado utilizando a técnica de PCR.

5) Sequenciação do gene 16S rRNA amplificado e comparação da sequência obtida com os genes depositados no banco de genes.

6) Imobilização do consórcio selecionado utilizando diferentes matrizes poliméricas.

7) Determinação da melhor matriz polimérica para o transporte e preservação dos isolados bacterianos.

8) Realizar uma análise multifatorial para avaliar os vários factores estudados envolvidos na bioremediação de águas contaminadas com petróleo bruto.

9) Tirar uma conclusão e definir recomendações para uma despoluição óptima da água.

Capítulo 2

2. MATERIAIS E MÉTODOS

2.1. Materiais

2.1.1. Produtos químicos

Em todas as experiências foram utilizados produtos químicos puros e de qualidade analítica, incluindo a preparação de meios para o crescimento e manutenção de culturas microbianas. Os nutrientes utilizados para a cultura microbiana foram fornecidos pela M/S Hi Media chemicals; o petróleo bruto foi gentilmente cedido pela empresa de refinação Ameria Petroleum, Alexandria, Egito.

2.1.2. Meios utilizados

Salvo indicação em contrário, os meios foram preparados utilizando água destilada e foram esterilizados por autoclavagem a 120°C durante 20 min. O pH foi ajustado conforme necessário antes da esterilização com NaOH 1N ou HCl 1N. A composição dos meios é dada em gramas por litro de água destilada. Os meios sólidos foram preparados por adição de 20 g/L de ágar aos meios líquidos.

Luria-Bertani (LB)

Utilizado para o crescimento e propagação dos consórcios bacterianos. Consistia em: extrato de levedura, 5; peptona, 10; cloreto de sódio, 10. O pH foi ajustado para 7,0 ± 0,2.

Água do mar artificial (ASW)

Utilizado para trabalhos experimentais. Consistia em: NaCl, 27; $MgSO_4.7H_2O$, 6,6; $MgCl_2.2H_2O$, 6,5; $CaCl_2.2H_2O$, 1,5; KNO_3, 1,0; $NaHCO_3$. 0,04; tampão Tris-HCl (1,0 M, pH 7,0), 20 mL; solução de ferro quelatado, 1,0 mL e solução de metais vestigiais, 1,0 ml. O petróleo bruto foi adicionado ao meio como única fonte de carbono e energia, numa concentração final de 1% (v/v). Após um determinado tempo de incubação, a ocorrência de turvação é o indicador do crescimento bacteriano e da biodegradação do óleo.

2.1.3. Tampões e soluções

Solução de ferro quelatado

Composto por: $FeCl_3.4H_2O$, 240 mg/100 mL; EDTA, 14,6 g/100 mL)

Solução de metais vestigiais

A composição do traço foi a seguinte por mg/100 mL: H_3BO_3, 60; $MnCL_2.4H_2O$, 40; $(NH_4)_6 MO_7O_{24}.4H_2O$, 37; $CuCl_2.2H_2O$, 4; $ZnCl_2$, 4; $CoCl_2.6H_2O$, 1,5.

Tampão TBE (1 litro de solução de reserva 5X)

Base Tris, 54 g; ácido bórico, 27,5 g; EDTA 0,5 M (pH 8,0), 20 ml e o pH final foi ajustado para 8,3 por HCl.

O TBE pode ser diluído para 1X antes da utilização na eletroforese, sendo também aceitável 0,5X. Concentrações mais elevadas resultarão em maus resultados devido à produção excessiva de calor.

Tampão TAE (1 litro de solução de reserva 50X)

Base Tris, 242 g; ácido acético (glacial), 57,1 ml; EDTA 0,5 M (pH 8,0), 100 ml.

Corante de carregamento de ADN em gel

0,25% de azul de bromofenol, 0,25% de xileno cianol e 30% de glicerol em água.

Brometo de etídio

1g de brometo de etídio dissolvido em 100 ml de H_2O, a solução foi armazenada num frasco escuro.

Gel de agarose a 1%:

1g de agarose em pó dissolvida em 100 ml de tampão TBE (1X), aquecer até à dissolução completa.

Escada de ADN

Escada de 100 pb.

2.1.4. Instrumentos

Os instrumentos e aparelhos utilizados nas experiências são apresentados na tabela (3).

Quadro 3: Instrumentos utilizados nas experiências

Instrument	Make	Function	Specification
Analytical balance	PB403-5|FACT	Weight measurement	1mg - 100g
pH meter	AD103C Analytical PH&TEM PRATURE meter	Measurement of pH	pH 1 to 12
Vertical autoclave	ALP JAPAN	Sterilization of nutrient media and equipment's	15 psi pressure, 15 min.
Laminar airflow chamber	HR40-11A2 1300VA	Aseptic Environment	• Air filter: HEPA • Filter efficiency: FS209E, Class 100. • Air Velocity: 0.3-0.6m/s • Visible Light source: • Fluorescent Lamp • UV light source: 8watt, • Mercury lamp (254nm)
Spectrophotometer (UV/Vis)	PG instruments	Estimation of biomass and analysis of organic compounds	• Bacterial Biomass: 600 nm • TPH analysis: 228 nm • Anthrone reagent: 620 nm • Biuret reagent: 540 nm
Incubator shaker	IS-971	Shaking of culture flasks used in degradation study	• Speed range: 50 - 200 rpm. • Temperature: 5 - 70 0C.

Gas Chromatography (GC)	Trace GC Ultra-thermo scientific	Analysis of Hydrocarbon present in oil	• Column : TG5-MS • MS transfer line temperature : 280 °C • ion source temperature :220 °C • Ionization mode : EI • Oven Temperature : 80 °C • Final Temperature: 300°C • maximum temperature: 300°C • Split Ratio :10 • Flow control mode : Linear • velocity • Column Flow : 10 ml/min • Carrier gas : Helium • Gas Purity: 99.9995% purity
The DCode ™ Universal Mutation Detection System	BIO-RAD, USA	Detection of single nucleotide mutation	Denaturing gel electrophoresis system for multiple applications of TTGE, DGGE, CDGE, SSCP and PTT techniques.

2.2. Métodos

2.2.1. Descrição dos sítios e amostragem

Várias zonas costeiras do Mar Mediterrâneo (como lagos costeiros, lagoas, zonas portuárias e desembocaduras fluviais) estão fortemente poluídas com produtos da refinaria de petróleo bruto, resíduos orgânicos e metais pesados (PNUA/OMS, 1999), frequentemente com vários recursos de poluição e natureza química diferente que podem aumentar a toxicidade global. As fugas e os derrames acidentais também ocorrem sistematicamente durante a exploração, produção, refinação, transporte e armazenamento de petróleo e produtos petrolíferos. Em fevereiro de 2014, foram colhidas amostras em 9 estações contaminadas, utilizando um amostrador de recolha de amostras, como se segue:

- Uma amostra proveniente do tratamento da Alexandria Petroleum Company no Mar Mediterrâneo, e representa (con1) no seu nome.

- Três amostras do lago Marriott em frente da Alexandria National Refining Petrochemical Company (ANRPC), do complexo petrolífero e da Alameria Petroleum Refining Company, que representam os nomes (con2, con3 e con4), respetivamente.

- Uma amostra da praia de Idku, El-beheira, Egito, em frente à empresa (LNG), e representa o nome (con5).
- Uma amostra de fora do tratamento da empresa (SIDPEC) que representa o nome (con6).
- Uma amostra da administração do porto de Alexandria que representa (con7).
- Duas amostras da estação EL-Max bay que representam (con8 e con9).

A baía de El-Max faz fronteira com uma zona industrial situada a oeste da cidade de Alexandria, uma das cidades mais densamente povoadas do Egito, com 6 milhões de habitantes.

2.2.2. Subcultura e preparação do inóculo

Um mililitro de cada amostra foi inoculado durante a noite em 50 ml de caldo LB esterilizado para ativação bacteriana. As bactérias propagadas de um dia para o outro foram utilizadas para inocular o caldo ASW contendo 1% de petróleo bruto em todas as experiências. Além disso, todas as experiências foram realizadas em duplicado e os frascos não inoculados constituíram os controlos, para contabilizar uma perda biótica.

2.2.3. Análise gravimétrica

A análise gravimétrica baseia-se principalmente na determinação final do peso como um meio para quantificar e analisar a parte residual do objeto de interesse. Uma vez que o peso pode ser medido com maior exatidão do que quase todas as outras propriedades fundamentais, a análise gravimétrica é potencialmente uma das classes mais exactas de métodos analíticos disponíveis. Estes métodos encontram-se entre as técnicas analíticas mais antigas e podem ser demorados e fastidiosos. As amostras podem ter de ser extensivamente tratadas para remover substâncias interferentes. Neste método, o óleo de petróleo total pode ser determinado da seguinte forma

O conteúdo total de cada frasco foi recolhido no final de cada período de incubação para avaliar as concentrações residuais de petróleo bruto. A extração foi efectuada com diclorometano, um solvente orgânico forte. Colocaram-se volumes iguais de cada amostra e de diclorometano numa ampola de decantação, com agitação contínua, após o que se deixou o conteúdo assentar; formaram-se duas camadas: a camada aquosa e a camada de diclorometano contendo o óleo residual. A última camada foi decantada e seca ao calor a 60 °C. Após a evaporação do diclorometano, o óleo residual foi quantificado gravimetricamente (o óleo consumido foi calculado subtraindo o óleo residual do peso original do óleo).

2.2.4. Análise por cromatografia gasosa (análise GC)

O óleo bruto residual após extração (como descrito na secção de análise gravimétrica) no final do período de incubação foi quantificado cromatograficamente através de cromatografia gasosa capilar (TG5- MS) utilizando a cromatografia gasosa Agilent 6890 plus equipada com detetor de ionização de chama (FID), injetor split/splitless e coluna capilar de sílica fundida HP-1 com 30 m de comprimento, 0,35 mm de diâmetro interno e 0,5 ^m de espessura de película. As temperaturas do detetor e do injetor foram mantidas a 280°C e 220°C, respetivamente. A temperatura da coluna foi programada para aumentar de 80°C para 300°C com uma taxa de 3°C/min e um tempo final de 15 min.

2.2.5. Seleção do melhor consórcio de degradadores

A seleção das bactérias baseou-se nos resultados da densidade ótica a 600 nm após cada semana de incubação e também na melhor capacidade de crescer na presença de petróleo bruto como única fonte de carbono nos meios de crescimento. Nove consórcios bacterianos mistos de culturas LB nocturnas na sua fase logarítmica de crescimento foram transferidos para frascos cónicos de 250 mL, cada um contendo 100 mL de ASW estéril com concentrações de 1% de ambos os inóculos e de petróleo bruto. Todos os frascos foram incubados a 30°C e 200 rpm durante 21 dias. Após a incubação, as concentrações residuais de petróleo bruto foram extraídas com diclorometano e posteriormente determinadas por análise gravimétrica. A percentagem de degradação do óleo foi calculada de acordo com **Ganesh e Lin (2009)**, utilizando a seguinte fórmula:

Wt de petróleo bruto residual=

(Peso do recipiente que contém o petróleo bruto extraído - Peso do recipiente vazio) → **(1).**

Quantidade de petróleo bruto degradado =

(peso do petróleo bruto adicionado ao meio - peso do petróleo bruto residual) → **(2).**

Degradação do óleo (%) =

(Wt de petróleo bruto residual no controlo biótico - Wt de petróleo bruto residual na amostra amostra)/100 → **(3).**

O melhor consórcio que apresentou taxas de crescimento mais elevadas e a melhor percentagem de degradação do óleo em relação aos outros foi selecionado para mais experiências.

2.2.6. Identificação dos membros do consórcio selecionado

Os nove consórcios bacterianos foram cultivados em 100 ml de ASW durante três semanas a 30°C e 200 rpm. Após a incubação, o ADN genómico total das estirpes bacterianas mistas de cada consórcio foi extraído e submetido a diferenciação por DGGE.

2.2.6.1. Extração de ADN genómico

O ADN genómico foi extraído das bactérias utilizando o método de salting out de **(Miller *et al.*, 1988)** com algumas modificações. O procedimento começou com a recolha de 200 µl de células bacterianas por centrifugação a 10.000×g a 4°C durante 10 min. Após a centrifugação, o pellet foi ressuspenso em 500 µl de tampão de lise (10 mM tris HCl pH 8, 400 mM NaCl, 2 mM EDTA) e 200 µl de 10% de Dodecil Sulfato de Sódio (SDS) e 1,5 µl de Proteinase K (20 mg/ml), agitado e incubado a 60 °C durante 3h. A mistura da solução foi misturada com 600 ml de NaCl 6 M, agitada e centrifugada a 10.000 xg, 4-8 °C durante 10 min. Misturou-se 600 µl de sobrenadante com 1 ml de etanol frio absoluto para a precipitação do ADN e, em seguida, incubou-se a mistura durante a noite a -80 °C. Após a incubação, a mistura foi centrifugada a 10.000 ×g, 4 °C durante 10 min. O sobrenadante foi descartado/decantado e o ADN precipitado foi lavado três vezes com etanol a 70%. Depois disso, as amostras de ADN foram secas e dissolvidas em 50 µl de H_2O esterilizada e armazenadas a -20°C para análise posterior.

2.2.6.2. Amplificação do gene 16S rRNA

A amplificação do gene 16S rRNA do genoma das bactérias em estudo foi efectuada através da reação em cadeia da polimerase (PCR) **(Mullis *et al.*, 1986)**, utilizando iniciadores universais degenerados com grampo GC concebidos para amplificar 500 pb do gene 16S rRNA. A sequência do iniciador direto era 5'-CGC CCGG GGG CGC GCC CCG GGC GGG GGG GGG GCA CGG GGG GAA CGC GAA GAA CCT TAC-3' e a sequência do iniciador inverso era 5'-CGG TGT GTA CAA GGC CCG GGA ACG-3'. Para a PCR padrão, os componentes abaixo indicados foram pipetados num tubo de ensaio de PCR, como indicado na tabela (4).

Tabela 4: Componentes da reação de PCR.

Component	Final concentration
10x polymerase buffer	1x
dNTP-Mix(10 mM)	0.2 mM
Forward primer	0.2 pM
Reverse primer	0.2 pM
Template DNA	Ca. 0.1 µg
DNA-polymerase (Taq)	2 U
MgCl2 (25 mM)	2 mM

A reação foi realizada da seguinte forma: 4 min a 94 °C e, em seguida, 35 ciclos de 30 seg. a 94 °C (desnaturação), 30 seg. a 55 °C (recozimento do iniciador) e 30 seg. a 72 °C (extensão), seguidos de um passo de extensão final adicional durante 10 min. a 72 °C.

2.2.6.3. Eletroforese em gel de agarose.

A eletroforese em gel foi realizada de acordo com o método descrito por **Sambrook *et al.*, (1989)**, como se segue: O gel de agarose com uma concentração de 1% foi dissolvido em tampão TBE 1X, pH 8,3 e vertido na câmara de eletroforese. O corante de carregamento de ADN foi adicionado à amostra numa concentração final de 6X. A operação foi efectuada a uma tensão constante de 120 V; o gel foi corado com uma solução de coloração de brometo de etídio e as amostras foram deixadas a correr durante 30 minutos. Os produtos da PCR foram visualizados num transiluminador UV (UVP Dual intensity translluminator, EUA) e fotografados utilizando o sistema de documentação Gel.

2.2.6.4. Eletroforese em gel de gradiente desnaturante (DGGE)

Inicialmente, a DGGE foi efectuada através da moldagem do gel em posição perpendicular, utilizando o D-Code Universal Mutation Detection System (BioRad), tal como descrito por **(Lyautey *et al.*, 2005)** com algumas modificações. O gel de poliacrilamida (12%) foi preparado num gradiente de 50-70% utilizando ureia e formamida desionizada como desnaturantes (100% de desnaturante é ureia 7 M e 40% de formamida desionizada). O gel foi deixado a polimerizar durante 4 h e, em seguida, 15 µl de cada amostra de PCR foram misturados com igual volume do corante de carga e carregados no gel polimerizado. A DGGE foi efectuada a 50 V a 60 °C durante 16 h, utilizando um tampão TAE 1X.

Após a eletroforese, o gel foi corado durante 5-15 min em tampão TAE 1X contendo 50 μg/ml de brometo de etídio, seguido de descoloração durante 5-20 min em tampão de corrida. O gel foi então fotografado utilizando o sistema de documentação do gel. As bandas de ADN de interesse foram excisadas e extraídas do gel de poliacrilamida e colocadas num eppendorf esterilizado contendo 20 μL de água esterilizada e o ADN foi eluído utilizando ciclos sucessivos de congelação-descongelação (-20°C/37°C). O ADN eluído foi utilizado como modelo para a PCR seguinte, utilizando os mesmos iniciadores e as mesmas condições anteriores.

2.2.6.5. Purificação do produto PCR

O produto da PCR foi purificado para remover os nucleótidos não incorporados e o excesso de iniciador utilizando o kit de purificação da PCR (Qiagen PCR purification Kit, Inglaterra).

2.2.6.6. Semelhanças de sequências e análise filogenética

Os produtos de PCR foram então submetidos a sequenciação de ADN (Sigma, Alemanha) e as sequências obtidas foram comparadas com genes depositados no GenBank utilizando o programa Blast (www.blast.ncbi.nlm.nih.gov) para avaliar as semelhanças de ADN. O alinhamento de sequências múltiplas e a filogenia molecular foram efectuados utilizando o software Mega 5.

2.2.7 Otimização dos parâmetros do processo

Foram estudados parâmetros como a temperatura, o pH, a fonte de azoto, diferentes tempos de incubação, diferentes tamanhos de inóculo do consórcio e diferentes concentrações de petróleo bruto (capacidades máximas de degradação). Estes parâmetros foram optimizados para obter o crescimento máximo dos microrganismos que permitem a capacidade máxima de degradação do petróleo bruto. Os parâmetros do processo foram optimizados com base na abordagem de um fator de cada vez; depois disso, a maioria dos factores foi concebida numa experiência de Plackett-Burman.

2.2.7.1. Conceção de otimização com fator variável individual

2.2.7.1.1. Otimização da temperatura

Para investigar a temperatura preferível para a degradação do óleo utilizando o consórcio selecionado, foram inoculados em duplicado cinco frascos de 100 ml de ASW estéril com 1% de ambas as culturas LB da noite para o dia e de óleo bruto. Cada dois frascos foram incubados a 25 °C, 30 °C, 35 °C, 40 °C ou 45 °C com agitação constante a 200 rpm durante 21 dias. As amostras de controlo continham os mesmos componentes sem adição de células bacterianas. Tanto as amostras de controlo como as tratadas foram mantidas a pH 7,0 ± 0,2 antes da esterilização. Após a incubação, o óleo bruto residual foi extraído com diclorometano e a percentagem de remoção foi calculada após a sua análise gravimétrica.

2.2.7.1.2. otimização do pH

A otimização do pH foi realizada utilizando uma vasta gama de pH (3,0, 4,0, 5,0, 6,0, 7,0, 8,0, 9,0, 10,0 e 11,0). Os caldos ASW preparados e com o pH ajustado foram esterilizados por autoclavagem e adicionados com 1% de petróleo bruto como única fonte de carbono e energia. Cada frasco foi inoculado com 1 ml de cultura LB de um dia para o outro do consórcio selecionado, com subsequente incubação à melhor temperatura candidata a 200 rpm durante três semanas. A análise gravimétrica foi utilizada para o cálculo da percentagem de remoção de óleo após a sua extração por um solvente orgânico (diclorometano).

2.2.7.1.3. Diferentes períodos de incubação

Esta etapa foi realizada para investigar o efeito de diferentes períodos de incubação na quantidade de óleo degradado pelo consórcio selecionado. Após a otimização do pH e da temperatura, os meios de ASW preparados e esterilizados foram inoculados com 1 ml de cultura LB de um dia para o outro do consórcio bacteriano, seguido da adição de 1 ml de óleo bruto por 100 ml de meio. Os frascos foram incubados na mesma incubadora à temperatura selecionada optimizada e a 200 rpm durante diferentes períodos de tempo. Os frascos incubados foram retirados da incubadora em diferentes intervalos de tempo (7, 14 e 21 dias), mantidos a 4°C e o óleo foi extraído com diclorometano nas mesmas condições. O óleo residual foi determinado e calculado por análise gravimétrica.

2.2.7.1.4. Estudos de degradação com concentrações variáveis de petróleo bruto

Nesta experiência, a biodegradação do petróleo bruto com o consórcio bacteriano selecionado foi realizada utilizando várias concentrações de petróleo bruto (0,5, 1, 1,5, 2, 2,5 e 3%). Para todas as concentrações, a experiência foi realizada à temperatura, pH e tempo de incubação optimizados. Os frascos inoculados com a cultura de um dia para o outro foram incubados a 200 rpm com subsequente extração do óleo residual utilizando diclorometano. O processo de extração foi realizado para ambos os tratamentos e controlos de cada percentagem de óleo testado e a percentagem de degradação foi calculada através de análise gravimétrica.

2.2.7.1.5. Diferentes tamanhos de inóculo

Para investigar a capacidade de diferentes densidades bacterianas para degradar o petróleo bruto, foram ajustados frascos duplicados de cada um dos cem mililitros de meio ASW de acordo com o pH recomendado. Após a esterilização, cada frasco foi emendado com 1% de petróleo bruto e cada frasco duplo foi inoculado com uma densidade de inóculo individual de (0,5, 1, 1,5, 2 e 3 ml), exceto os frascos de controlo. Após a inoculação, todos os frascos foram mantidos sob agitação a 200 rpm à temperatura e período de tempo recomendados. Após a incubação, a quantidade de óleo degradado foi calculada pela fórmula mencionada, utilizada através de análise gravimétrica após o processo de extração.

2.2.7.1.6. Diferentes fontes de azoto

Este teste teve como objetivo investigar o efeito da presença de fontes de azoto orgânico ou inorgânico para acelerar e melhorar o processo de biodegradação. Para tal, 0,1% de grama de peptona ou de extrato de levedura ou de nitrato de amónio ou de ureia ou de sulfato de amónio foram adicionados solitariamente a 100 ml de meio ASW suplementado com 1% de petróleo bruto e inoculados com o tamanho de inóculo mais recomendado após o ajuste do pH. Os frascos foram incubados numa incubadora com agitador a 200 rpm durante o período de tempo especificado à temperatura especificada. O processo de extração e a análise gravimétrica foram realizados para cada tratamento em comparação com o respetivo controlo.

2.2.7.1.8. Imobilização do consórcio bacteriano selecionado em diferentes matrizes poliméricas

A imobilização de células inteiras do consórcio bacteriano foi efectuada utilizando diferentes suportes poliméricos, tais como alginato, ágar e agarose como esferas ou blocos cortados e álcool polivinílico como membrana (película). A subcultura foi preparada em meio LB e incubada num agitador rotativo a 40 °C e 150 rpm durante 18 h. Foram utilizados 1,5 mililitros do consórcio bacteriano para os processos de imobilização.

2.2.7.1.8.1. Imobilização de células inteiras em alginato de cálcio

A imobilização das células foi efectuada em condições estéreis com os seguintes passos: 2 mL de cultura overnight foram suspensos em 5 mL de solução de alginato de sódio a 3% (p/v) (**Taha *et al.*, 2013**). A mistura obtida foi extrudida gota a gota através de um bico de seringa para 1 mL de solução de CaCl2 a 3,5 % (p/v). As gotas de alginato solidificaram em contacto com o CaCl2, formando cápsulas e aprisionando assim as células bacterianas. As cápsulas endureceram durante

30 minutos e foram depois lavadas com uma solução salina normal estéril (NaCl a 0,9%) para remover qualquer excesso de iões Ca^{+2} e células.

2.2.7.1.8.2. Imobilização de células inteiras em ágar-ágar

Cinco gramas de pó de ágar-ágar (Difco) foram dissolvidos em 18 mL de uma solução de cloreto de sódio a 0,9% para obter uma concentração final de 2% e foram esterilizados por autoclavagem (**Adinarayana *et al.*, 2005**). A suspensão de células (1,5 mL) foi adicionada ao ágar-ágar fundido mantido a 40 °C, agitada durante alguns segundos (sem formar espuma), vertida em placas de Petri estéreis de fundo plano de 4 polegadas e deixada solidificar. O bloco de ágar solidificado foi cortado em cubos de tamanho igual (4 mm^3), adicionado a um tampão fosfato 0,1 M estéril (pH 7,0) e mantido no frigorífico (1 h) para a cura. Após a cura, o tampão fosfato foi decantado e os cubos foram lavados com água destilada estéril três a quatro vezes.

2.2.7.1.8.3. Imobilização de células inteiras em agarose

O aprisionamento de microrganismos em agarose foi efectuado através da dissolução de 1,2 g de agarose em 20 mL de soro fisiológico a 100 °C, tendo sido efectuada uma autoclavagem e a solução arrefecida a 40-45 °C (**Adinarayana *et al.*, 2005**). Subsequentemente, a solução de agarose foi misturada com 1,5 mL de suspensão de células e vertida em tubos estéreis de fundo plano

Placas de Petri de 4 polegadas e deixadas a solidificar. O bloco de agarose solidificado foi cortado em cubos de igual tamanho (4 mm3) e mantido no frigorífico durante 1 h.

2.2.7.1.8.4. Imobilização de células inteiras numa membrana de PVA (película)

O aprisionamento de células em álcool polivinílico foi efectuado dissolvendo 8 g de PVA em 100 ml de água destilada. O PVA foi gradualmente adicionado à água destilada com agitação magnética contínua e temperatura estável (80 °C) para evitar a evaporação da água até se tornar uma solução límpida. Da mesma forma, a solução de PVA foi esterilizada por autoclavagem e 5 ml dessa solução foram misturados com 1,5 ml de suspensão celular, vertidos em placas de Petri estéreis de fundo plano de 4 polegadas e deixados a solidificar. A membrana solidificada foi mantida no frigorífico a 4 °C durante 1 h e foi utilizada para a inoculação do meio.

2.2.7.1.9. Otimização da mistura de co-polímeros

As duas melhores matrizes imobilizadas dos polímeros investigados foram misturadas com diferentes percentagens, de modo a melhorar o processo de imobilização. Foram preparadas as concentrações de mistura de 1:1, 1:2 e 2:1 (v/v) de 8 % de PVA e 3 % de solução de alginato de sódio. Cerca de 10 ml de cada mistura foram misturados com 1 ml do consórcio bacteriano, agitados durante 6 horas utilizando um agitador magnético esterilizado e, por fim, colocados em placas de Petri de plástico e deixados a secar completamente à temperatura ambiente. Os principais objectivos desta investigação consistiram em determinar as condições óptimas de aprisionamento das esferas ou películas de alginato de cálcio e álcool polivinílico através da eficiência de remoção do petróleo bruto.

2.2.7.1.10. Fermentação ou cultivo

Todas as matrizes poliméricas de consórcio previamente preparadas foram adicionadas a frascos separados que continham 100 ml de ASW alterado com 1% de petróleo bruto. Além disso, foram incluídos frascos com as mesmas densidades de células livres para uma comparação exacta entre as actividades das células livres e imobilizadas. Além disso, foram preparados frascos de controlo com a mesma quantidade e o mesmo tipo de matrizes poliméricas em branco utilizadas, sem células microbianas, bem como um frasco de controlo sem matrizes poliméricas e células bacterianas.

2.2.7.2. Conceção de otimização com factores variáveis múltiplos

2.2. 7.2.1. Desenho experimental Plackett-Burman

O rastreio de todos os factores possíveis é uma etapa fundamental da metodologia de conceção experimental. Os factores insignificantes são eliminados a fim de se obter um conjunto de factores mais pequeno e mais fácil de gerir, suscetível de produzir respostas óptimas ou quase óptimas. A informação pode ser obtida através do estudo de fluxogramas de processos, da investigação da literatura relevante e da consulta de pessoas que tenham conhecimento do processo. Uma vez elaborada uma lista de factores, é necessário determinar as definições para cada fator. Na experiência de seleção, são escolhidas duas definições para cada fator estudado. Estes devem refletir um intervalo numérico amplo mas razoável. Os modelos de Plackett-Burman constituem um tipo de modelos de seleção de dois níveis.

De acordo com **Plackett e Burman, 1946**, estas concepções permitem o estudo de até (n-1) factores com (n) ensaios. As definições baixa e alta do fator são codificadas como -1 e +1, respetivamente. Cada fator é testado um número igual de vezes nas suas definições baixa e alta. Devido a estas atribuições iguais, os dados resultantes fornecem uma estimativa justa e eficaz do efeito linear de cada fator. Para além da atribuição igual dentro de cada fator, existe equilíbrio entre cada par de factores. A igualdade de repartição e o equilíbrio caracterizam todos os desenhos de dois níveis e tornam as experiências estatisticamente concebidas completas e eficazes. Uma vez obtidos os dados para cada ensaio, pode ser efectuada uma análise estatística para avaliar e classificar os factores de acordo com o seu grau de impacto no processo de fermentação. Esta classificação começa com o cálculo da estimativa do parâmetro de cada fator. Isto pode ser facilmente explicado e representado em forma de gráfico. A estimativa é o declive de uma linha que liga a média das respostas a um ajuste baixo do fator à média das respostas a um ajuste alto do fator. A equação para esta linha é

$$Y = \beta_0 + \sum \beta_i x_i \rightarrow \textbf{(4).}$$

Onde Y é a resposta (produtividade ou atividade específica), β0 é a interceção do modelo e βi são as estimativas das variáveis. O software estatístico, como o JMP (SAS Institute, Inc., Cary, N.C.) ou o Microsoft Excel, pode ser utilizado para calcular rapidamente as estimativas dos parâmetros e efetuar uma análise estatística dos dados. O significado geral da estimativa é a variação esperada no título do produto para cada aumento unitário no nível do fator codificado.

Por conseguinte, duas vezes a estimativa do fator representa as alterações no título em todo o intervalo (-1 a +1). A alteração na resposta ao longo de todo o intervalo é designada por *efeito principal* de um determinado fator. O sinal da estimativa de um fator indica, em média, qual a configuração do fator que resulta em títulos mais elevados. Uma estimativa grande, positiva ou negativa, indica que um fator tem um grande impacto no título; enquanto uma estimativa próxima de zero significa que um fator tem pouco ou nenhum efeito. Podem ser utilizadas várias ferramentas para ajudar a avaliar o significado de cada fator do processo. Isto inclui *valores P*, gráficos normais e gráficos de Pareto. O *valor P* é a probabilidade de que a magnitude de uma estimativa de parâmetro seja devida à variabilidade aleatória do processo. **(Strobel e Sullivan, 1999)**. Um valor *P* baixo indica um efeito "real" ou significativo. Fornece uma linha de base para considerar alguns factores críticos e outros menos importantes. Os valores *P* dependem geralmente da dimensão e do tipo de experiência. O gráfico de probabilidade normal é um método importante para avaliar a significância. **DeRoubin *et al.*, 1994**. afirmam que as estimativas dos parâmetros que não são significativamente diferentes de zero formam uma linha reta no gráfico de probabilidade normal. As estimativas que se desviam da reta são consideradas significativas. Estes gráficos são importantes para identificar os factores críticos. Os gráficos de Pareto das estimativas são construídos para avaliar a importância relativa dos factores simplesmente pela magnitude da estimativa do parâmetro **(Strobel e Sullivan, 1999).** É uma forma conveniente de visualizar os resultados da experiência de Plackett-Burman. O desenho experimental de Plackett-Burman foi utilizado neste trabalho para demonstrar a importância relativa dos parâmetros coligativos optimizados na biodegradação do petróleo bruto pelo consórcio bacteriano imobilizado . Seis variáveis independentes (Tabela 5) em oito ensaios foram organizadas de acordo com a matriz de desenho de Plackett-Burman (Tabela 6). Para cada variável, foi testado um nível alto (+1) e baixo (-1). O efeito principal de cada variável foi determinado de acordo com a seguinte equação:

$$Exi = (\Sigma Mi+ - \Sigma Mi-) / N \rightarrow (5).$$

Em que Exi é o efeito principal da variável, Mi+ e Mi- são a percentagem de resposta nos ensaios em que a variável independente (xi) estava presente em concentrações elevadas e baixas, respetivamente, e N é o número de ensaios. Utilizando o Microsoft Excel, os valores t estatísticos para amostras iguais não emparelhadas foram calculados para a determinação da significância da variável.

Quadro 5: Níveis das variáveis escolhidas para o projeto experimental Plackett-Burman.

Variables	Levels	
	High (+1)	Low (-1)
pH	8	5
Temperature	40°C	30°C
Oil Percentage	3 %	1 %
Yeast Extract	1 %	0 %
Inoculum Size	3 ml	0.5 ml
Co-Polymers (Alginate : PVA)	2:4	0.5:1

Tabela 6: Desenho experimental aleatório de Plackett-Burman para avaliação dos factores que influenciam a biodegradação de petróleo bruto por consórcio bacteriano imobilizado

Trials	pH	Temperature	Y.E	Oil %	Inoculum size	Polymer ratio
1	1	1	1	1	1	1
2	1	1	-1	-1	-1	-1
3	1	-1	1	1	-1	-1
4	1	-1	-1	-1	1	1
5	-1	1	1	-1	1	-1
6	-1	1	-1	1	-1	1
7	-1	-1	1	-1	-1	1
8	-1	-1	-1	1	1	-1

2.2.8. Caracterização dos polímeros

A caraterização das membranas foi efectuada por vários métodos, tais como FTIR, XRD e resistência à tração, para determinar o efeito da reticulação e os mecanismos de separação.

2.2.8.1. Medição da resistência à tração

A resistência à tração (TS) é uma medida da resistência da amostra à tensão direta. É definida como a força necessária para quebrar uma tira de amostra, que tem um comprimento especificado e uma largura de 10 mm. O instrumento LLOYD LR 10 K foi utilizado para medições da TS.

2.2.8.2. Análise por espetroscopia de infravermelhos com transformada de Fourier (FTIR)

A análise dos gráficos espectroscópicos FTIR que investigam a estrutura química das membranas originais e modificadas de PVA/SA com e sem bactérias foi efectuada utilizando o espetrofotómetro de infravermelhos com transformada de Fourier (Shimadzu FTIR-8400 S, Japão).

2.2.8.3. Análise de difração de raios X (XRD)

A difração de raios X é utilizada para obter informações estruturais sobre sólidos cristalinos. Os materiais cristalinos diferem dos materiais amorfos na medida em que nos primeiros existe ordem na disposição dos conteúdos moleculares, enquanto nos segundos não existe ordem ou, na melhor das hipóteses, existe uma tendência para uma ordem de curto alcance. Os padrões de difração de raios X foram obtidos no difratómetro Shimadzu (XRD-6000) com um monocromático posterior e um anticátodo de Cu. A varredura radicalar foi registada no modo de varredura de reflexão com 2θ a ser alterado de 0° para 120°C.

Capítulo 3

3. RESULTADOS

3.1. Seleção do melhor consórcio degradador

Foram recolhidas diferentes amostras de diferentes locais e testadas quanto à sua capacidade de biodegradação utilizando o petróleo bruto como única fonte de carbono e energia. Estas amostras foram designadas por (consórcio 1, 2, 3, 4, 5, 6, 7, 8 e 9). O consórcio com melhor capacidade de degradação foi selecionado de acordo com a densidade ótica mais elevada e a percentagem mais baixa de resíduos de óleo. Todos os consórcios foram cultivados durante a noite em caldo LB, seguido de inoculação em ASW alterado com 1% de petróleo bruto. Todos os consórcios foram submetidos a uma medição da densidade ótica (OD_{600} nm) por cada semana de incubação com uma análise gravimétrica final no fim da experiência. Do total de 9 consórcios bacterianos, o consórcio 4 foi selecionado como degradador eficiente de petróleo bruto com base no seu crescimento significativo (OD_{600} nm) e no resíduo de óleo. Como se pode ver na figura 2 e na tabela 7, as densidades ópticas dos outros oito consórcios após 7, 14 e 21 dias de incubação eram significativamente inferiores às do nosso consórcio selecionado (consórcio 4). De acordo com os resultados obtidos pelas medições da densidade ótica, após 21 dias de incubação, a ordem decrescente da capacidade de biodegradação pode ser resumida como con4 > con 1= con 2 > con 3> con 8 = con 9 > con 5 > con 7 > con 6. Para além disso, os dados obtidos pela análise gravimétrica revelaram que o con4 apresentou o óleo residual mais baixo após 21 dias de incubação, tal como indicado na tabela 8. Conseguiu degradar quase 95% do óleo bruto total alterado em comparação com a amostra de controlo. Foi capaz de degradar 0,325 g/l de petróleo bruto de 0,394 g/l como concentração inicial com 0,019 g/l como resíduo de óleo após três semanas de incubação. Como mostra a tabela 8, os aumentos nas taxas de degradação em três semanas sucessivas foram os melhores em comparação com outros consórcios e estatisticamente significativos. Alguns outros consórcios apresentaram bons resultados no final da 3ª semana de cultura, mas as taxas de degradação progressivamente não foram estatisticamente significativas. Estes resultados revelaram que o Con 4 é o melhor consórcio testado que pode ser submetido a experiências de otimização subsequentes e ao longo de todo o estudo.

Quadro 7: Densidades ópticas dos consórcios bacterianos isolados durante três semanas sucessivas de incubação

No	Samples	Optical Density (OD_{600} nm)		
		1st week	2nd week	3rd week
1	Consortium 1	0.873	0.921	0.962
2	Consortium 2	0.698	0.701	0.717
3	Consortium 3	0.726	0.743	0.732
4	**Consortium 4**	**0.897**	**0.954**	**1.049**
5	Consortium 5	0.762	0.786	0.792
6	Consortium 6	0.603	0.624	0.626
7	Consortium 7	0.869	0.871	0.875
8	Consortium 8	0.786	0.794	0.800
9	Consortium 9	0.676	0.681	0.721

Tabela 8: Percentagem de remoção de 1% de petróleo bruto por nove consórcios testados

	Samples	Original weight of crude oil (g/l)	Residual crude oil (g/l)	Consumed crude oil (g/l)	Percentage of consumed crude oil (%)
1	Control	0.394	0.394	0	0
2	Consortium 1	0.394	0.112	0.282	71.57
3	Consortium 2	0.394	0.233	0.161	40.86
4	Consortium 3	0.394	0.199	0.195	49.49
5	**Consortium 4**	**0.394**	**0.019**	**0.325**	**82.48**
6	Consortium 5	0.394	0.199	0.195	47.96
7	Consortium 6	0.394	0.270	0.124	31.47
8	Consortium 7	0.394	0.141	0.253	64.21
9	Consortium 8	0.394	0.186	0.208	52.79
10	Consortium 9	0.394	0.198	0.196	49.74

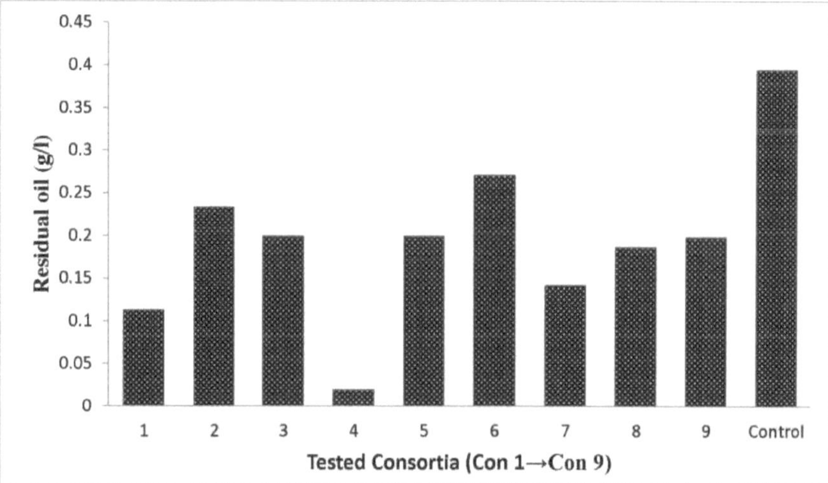

Figura 2: Comparação entre o óleo residual (g/l) após biodegradação pelos nove consórcios bacterianos testados

3.2. Identificação dos membros do consórcio selecionado

3.2.1. Amplificação por PCR dos genes 16S rRNA

Após a extração do conteúdo total de ADN de cada amostra, todo o ADN extraído foi submetido a amplificação por PCR do gene 16S rRNA utilizando iniciadores comuns com grampo GC. Como se mostra na figura 3, os iniciadores utilizados conseguiram amplificar um tamanho de banda de quase 500 pb para cada amostra, o que indica o comprimento total da banda para todas as espécies bacterianas em cada consórcio.

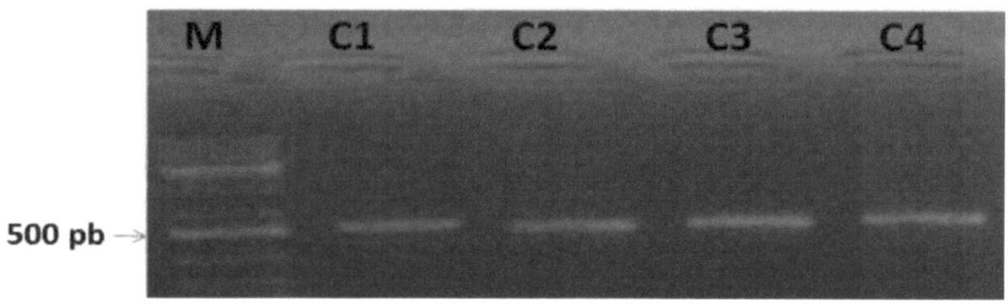

Figura 3: Amplificação por PCR do gene 16S rRNA a partir do ADN total extraído das amostras con l→con 4. M: escada de ADN; C1→C4÷ amostras de con l→con 4.

3.2.2 Análise DGGE

A técnica DGGE foi aplicada ao conteúdo bacteriano total dos nove consórcios testados em , a fim de estudar a diferenciação bacteriana entre eles. Como mostra a figura 4, foi observado um grande número de bandas para cada consórcio. Cada banda individual indica a identidade específica de um determinado micróbio. Algumas destas bandas eram comuns em diferentes amostras; no entanto, as outras eram exclusivas do respetivo consórcio. Os resultados obtidos mostraram que o consórcio melhor degradador (con 4) foi o que apresentou o menor conteúdo bacteriano. As quatro bandas obtidas para o con 4 foram excisadas e submetidas a purificação e sequenciação.

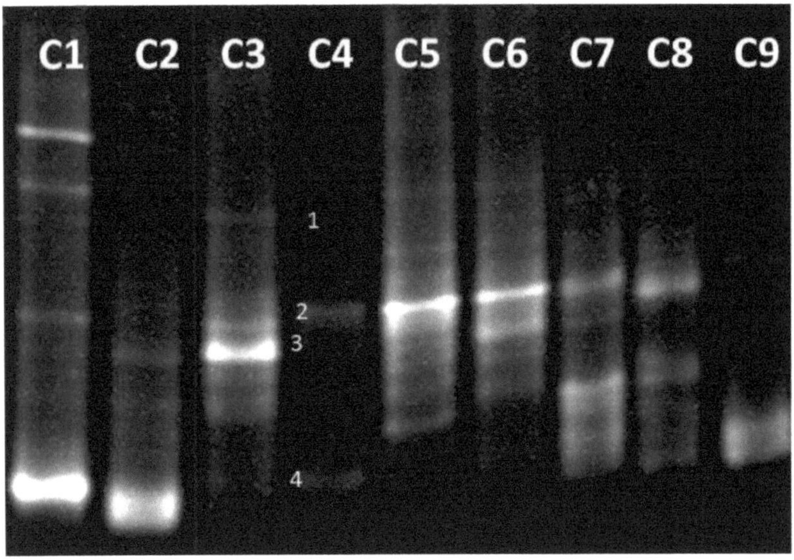

Figura 4: Análise DGGE dos nove consórcios bacterianos testados; C1→C9 indica os consórcios com 1→con 9. Os números 1, 2, 3 e 4 indicam as bandas que foram excisadas e submetidas a sequenciação.

3.2.3. Sequenciação e análise filogenética

Após a separação das bandas através da análise DGGE, as bandas de interesse foram excisadas e submetidas a uma segunda PCR utilizando os mesmos primers. Os genes produzidos foram purificados e submetidos a sequenciação. As sequências obtidas revelaram que os genes amplificados pertencem a diferentes espécies bacterianas. As sequências foram então comparadas com genes depositados no GenBank, identificadas ao nível do género e da espécie e, por fim, submetidas ao

GenBank com números de acesso específicos. A identificação, as percentagens de semelhança e os números de acesso das estirpes bacterianas são apresentados no quadro 9. As relações filogenéticas dos genes obtidos com os genes depositados no GenBank são apresentadas na figura 5.

Tabela *9:* Código da estirpe, identificação, similaridade e número de acesso do conteúdo bacteriano do consórcio 4.

Strain Code	Identification	Similarity (%)	Accession number
Isolate 1 (RTG)	*Rhodococcus erythropolis* RTG	99	MF622096
Isolate 2 (RTG)	*Pseudomonas stutzeri* RTG	99	MF622097
Isolate 4 (RTG)	*Enterococcus sp* RTG	86	MF622098
Isolate 5 (RTG)	*Enterococcus faecalis* RTG	99	MF622099

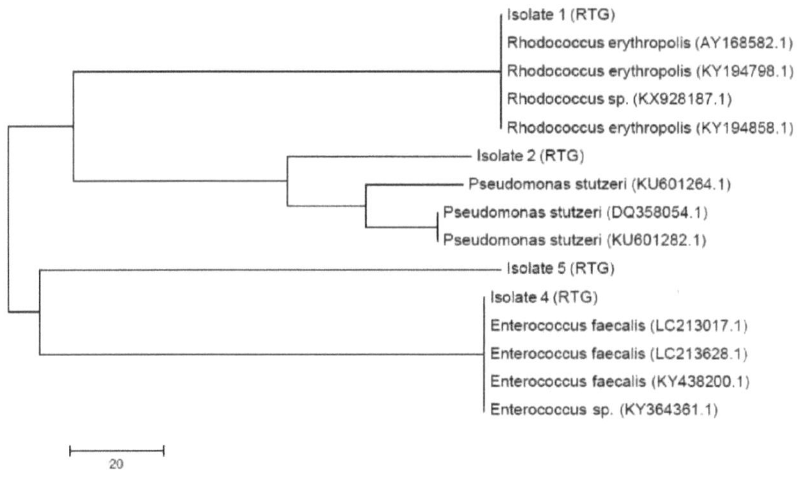

Figura 5: A árvore filogenética (utilizando o programa Mega 5) de quatro isolados bacterianos e os outros isolados relacionados apresentados no GenBank. Cada número de acesso indica os isolados específicos.

3.3. Otimização dos parâmetros do processo

3.3.1. Conceção de otimização com factores variáveis individuais

O processo de otimização foi realizado utilizando ASW como meio para as experiências, petróleo bruto como única fonte de carbono e con4 como micróbios inoculadores. Cada parâmetro individual (temperatura, pH, período de incubação, tamanho do inóculo, capacidade máxima de degradação e fonte de azoto) foi testado e optimizado da seguinte forma:

3.3.1.1. Otimização da temperatura

As leituras de temperatura registadas são atribuíveis às flutuações da temperatura ambiente a que a instalação foi sujeita. Como se pode ver na tabela 10 e na figura 6, foi avaliada a temperatura óptima para o consórcio selecionado, obtido através da utilização de petróleo bruto como única fonte de carbono e com capacidade máxima de degradação após extração pelo método gravimétrico. Neste estudo, a temperatura óptima para o consórcio selecionado foi de 40°C, o que mostrou uma percentagem mais elevada de óleo bruto consumido superior a 87%. A capacidade de biodegradação aumentou com o aumento da temperatura a partir de 25°C até 40°C como temperatura óptima; enquanto que esta capacidade de biodegradação diminuiu a 45°C para 15,26%.

Quadro 10: Atividade de biodegradação do con4 a diferentes temperaturas

Temperature (°C)		Extracted weight of crude oil (g/l)	Residual crude oil (g/l)	Consumed crude oil (g/l)	Percentage of consumed crude oil (%)
25	Control	0.348	0.348	0	25.57%
	Con4	0.348	0.259	0.089	
30	Control	0.366	0.366	0	48.90%
	Con4	0.366	0.187	0.179	
35	Control	0.225	0.225	0	57.33%
	Con4	0.225	0.096	0.129	
40	**Control**	**0.278**	**0.278**	**0**	**87.05%**
	Con4	**0.278**	**0.016**	**0.242**	
45	Control	0.262	0.262	0	15.26%
	Con4	0.262	0.222	0.04	

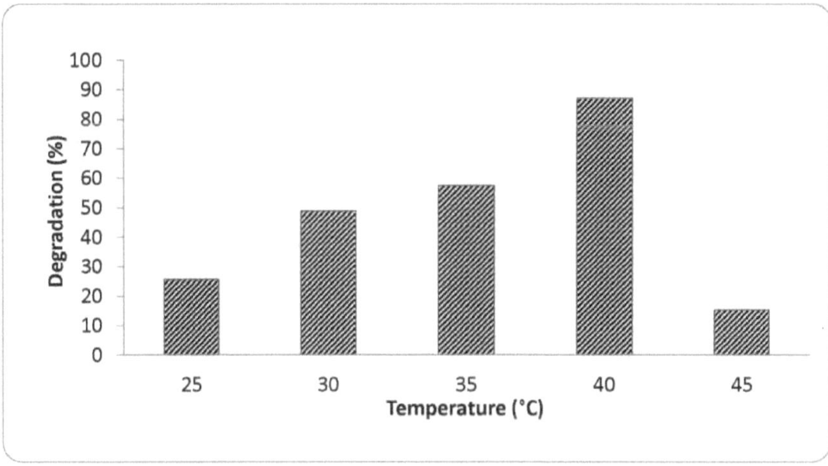

Figura 6: Efeito de diferentes temperaturas na biodegradação de petróleo bruto por con 4

3.3.1.2. Otimização do pH

Para determinar o pH ótimo para a biodegradação do petróleo bruto por con4, foram examinadas diferentes gamas de pH (3-11). A experiência foi conduzida a 40°C como temperatura óptima e a incubação foi feita a 200 rpm durante 21 dias. Como se mostra na figura 7 e na tabela 11, a maior capacidade de biodegradação foi alcançada a pH 6, uma condição ligeiramente ácida. A pH 6, o consórcio apresentou 89,76% de degradação em comparação com 3,42% e 18,36% para pH 3 e 11, que foram utilizados como as condições mais ácidas e básicas, respetivamente. Observou-se que a percentagem de biodegradação aumenta drasticamente à medida que a gama de pH se aproxima do nível neutro. No entanto, a percentagem de remoção diminuiu drasticamente à medida que a gama de pH se move em direção à alcalinidade, com uma capacidade máxima de biodegradação a pH 6 (figura 7).

Tabela 11: O pH ótimo para uma elevada biodegradação do petróleo bruto utilizando con 4

pH Range	Samples	Original weight of crude oil (g/l)	Residual crude oil (g/l)	Consumed crude oil (g/l)	Percentage of consumed crude oil (%)
3	Control	0.409	0.409	0	0
	Con 4	0.409	0.395	0.014	3.42
4	Control	0.471	0.471	0	0
	con 4	0.471	0.442	0.029	6.15
5	Control	0.405	0.405	0	0

	Con4	0.405	0.171	0.234	57.77
6	Control	0.430	0.430	0	0
	Con4	**0.430**	**0.069**	**0.386**	**89.76**
7	Control	0.448	0.448	0	0
	Con 4	0.448	0.213	0.235	52.45
8	Control	0.440	0.440	0	0
	Con 4	0.440	0.217	0.223	50.68
9	Control	0.401	0.401	0	0
	Con4	0.401	0.315	0.086	21.44
10	Control	0.522	0.522	0	0
	Con 4	0.522	0.428	0.094	18
11	Control	0.452	0.452	0	0
	Con 4	0.452	0.369	0.083	18.36

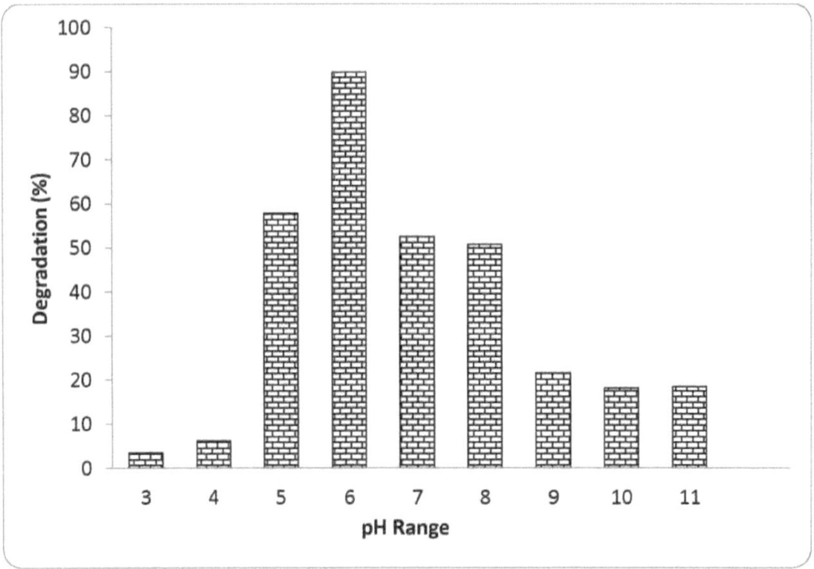

Figura 7: Efeito de diferentes valores de pH na degradação do petróleo bruto pelo consórcio selecionado

3.3.1.3. Diferentes tempos de incubação

Foram utilizados diferentes tempos de incubação de 1, 2 e 3 semanas para investigar a capacidade do consórcio bacteriano (con 4) para degradar o conteúdo de petróleo bruto em períodos de tempo específicos. Os resultados mostraram que o tempo é crítico para o processo de biodegradação. Como se pode ver na tabela 12 e figura 8, após uma semana de incubação, a percentagem de remoção de óleo foi de 48,09%; enquanto que esta percentagem aumentou para atingir quase 69% após duas semanas. O melhor tempo para o processo de biodegradação foi registado após três semanas de incubação, com uma percentagem de remoção de 92,74%.

Tabela 12: O tempo de degradação ótimo para a maior capacidade de biodegradação do petróleo bruto utilizando o consórcio 4

Incubation time		Extracted weight of crude oil (g/l)	Residual crude oil (g/l)	Consumed crude oil (g/l)	Percentage of consumed crude oil (%)
1st weak	Control	0.447	0.447	0	48.09
	Con 4	0.447	0.232	0.215	
2nd weak	Control	0.428	0.428	0	69.15%
	Con 4	0.428	0.132	0.296	
3rd weak	**Control**	**0.441**	**0.441**	**0**	**92.74%**
	Con 4	**0.441**	**0.091**	**0.409**	

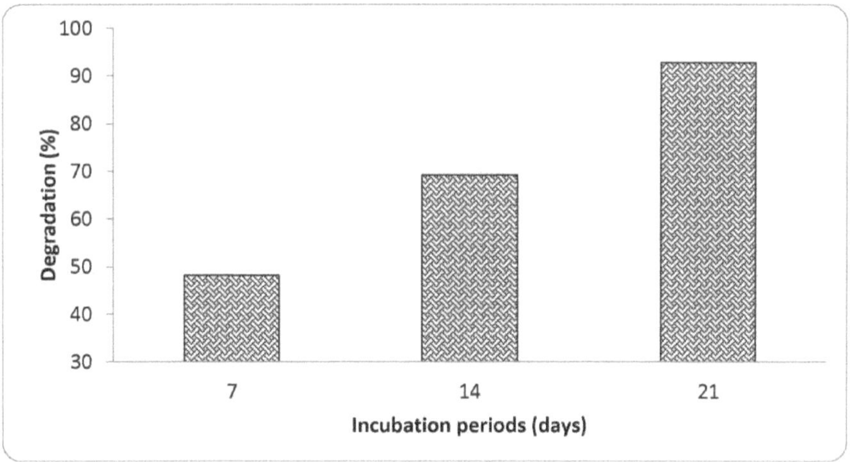

Figura 8: Degradação de petróleo bruto pelo consórcio 4 em diferentes tempos de incubação

3.3.1.4. Estudos de degradação com concentrações variáveis de petróleo bruto

A biodegradação de diferentes concentrações de petróleo bruto foi efectuada utilizando 0,5, 1, 1,5, 2, 2,5 e 3% com 1% de tamanho de inóculo bacteriano. Os resultados obtidos são apresentados na tabela 13 e na figura 9; o consórcio selecionado pode utilizar o petróleo bruto como única fonte de carbono e degradá-lo perfeitamente a 0,5 e 1% como concentrações baixas. Na concentração de 1% de petróleo bruto, o consórcio selecionado apresentou uma capacidade de degradação superior a 90%. A concentrações mais elevadas de petróleo, os estudos de degradação revelaram uma inibição das capacidades de degradação do consórcio selecionado e apresentaram resultados de degradação superiores a 45% e 30% a 2,5 e 3%, respetivamente.

Tabela 13: Capacidade máxima de degradação do crude utilizando o consórcio 4

Oil concentration (%)		**Original weight of crude oil (g/l)**	**Residual crude oil (g/l)**	**Consumed crude oil (g/l)**	**Percentage of consumed crude oil (%)**
0.5%	Control	0.126	0.126	0	68.25%
	Con 4	0.126	0.040	0.086	
1%	**Control**	**0.324**	**0.324**	**0**	**91.66%**
	Con 4	**0.324**	**0.016**	**0.297**	
1.5%	Control	0.505	0.505	0	81.18%
	Con 4	0.505	0.095	0.410	
2%	Control	0.948	0.948	0	67.93
	Con 4	0.948	0.304	0.644	
2.5%	Control	1.039	1.039	0	48.98%
	Con 4	1.039	0.675	0.509	
3%	Control	1.549	1.549	0	33.57%
	Con 4	1.549	0.829	0.520	

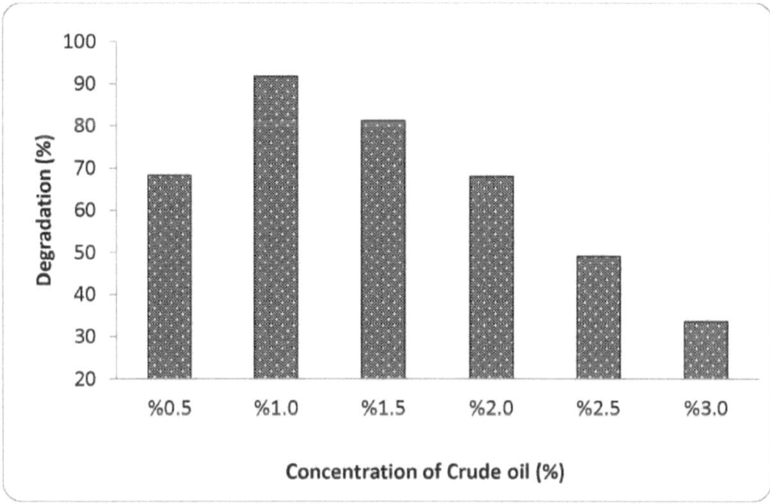

Figura 9: Efeito de diferentes concentrações de óleo na capacidade de biodegradação do consórcio 4

3.3.1.5. Otimização do tamanho do inóculo

Diferentes tamanhos de inóculo de 0,5, 1, 1,5, 2, 2,5 e 3 ml do consórcio selecionado foram testados quanto à sua capacidade de biodegradação de 1% de petróleo bruto. Os resultados mostraram que o tamanho ótimo do inóculo do consórcio selecionado foi de 1,5%, em que a percentagem de remoção de óleo foi superior a 92%. Conforme ilustrado na figura 10 e na tabela 14, a percentagem de remoção aumentou com o incremento do tamanho do inóculo, atingindo o seu pico máximo a 1,5 ml, seguido de um decréscimo gradual que coincidiu com o aumento do tamanho do inóculo após 1,5 ml.

Tabela 14: O tamanho ótimo do inóculo para uma elevada capacidade de biodegradação do petróleo bruto utilizando o consórcio 4.

Inoculum size (%)		Original weight of crude oil (g/l)	Residual crude oil (g/l)	Consumed crude oil (g/l)	Percentage of consumed crude oil (%)
0.5%	Control	0.496	0.496	0	78.83%
	Con 4	0.496	0.105	0.391	
1%	Control	0.522	0.522	0	86.78 %
	Con 4	0.522	0.069	0.453	
1.5%	**Control**	**0.649**	**0.649**	**0**	**92.44%**
	Con 4	**0.649**	**0.049**	**0.600**	
2%	Control	0.428	0.428	0	82
	Con 4	0.428	0.077	0.351	
2.5%	Control	0.494	0.494	0	72.46%
	Con 4	0.494	0.136	0.358	
3%	Control	0.159	0.159	0	50.94%
	Con 4	0.159	0.078	0.081	

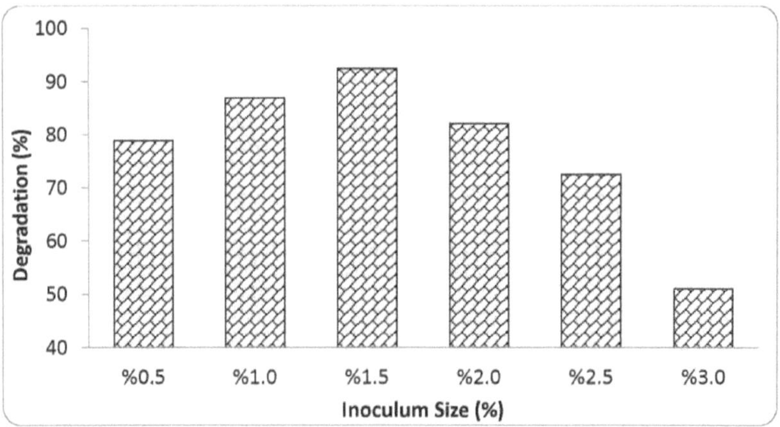

Figura 10: Efeito de diferentes percentagens do tamanho do inóculo do consórcio 4 na biodegradação de 1% de petróleo bruto

3.3.1.6. Otimização de diferentes fontes de azoto

As fontes de azoto orgânico (peptona, extrato de levedura e ureia) e inorgânico (NH4SO4 e

NH4NO3) foram testadas quanto à sua capacidade de estimular o processo de biodegradação. A experiência foi realizada utilizando 1% de petróleo bruto como concentração óptima de óleo e 1,5 ml de cultura nocturna como tamanho ótimo de inóculo. Os resultados mostraram que as fontes de azoto orgânico foram preferidas para o processo de biodegradação do que as fontes inorgânicas. Como se pode ver na tabela 15 e na figura 11, o estimulador mais eficaz foi o extrato de levedura, que melhorou o processo de biodegradação em quase 91% da remoção. No entanto, a adição de peptona e ureia apresentou percentagens de degradação de 80,5% e 62,2%, respetivamente. As fontes de azoto inorgânicas utilizadas partilharam a mesma percentagem de remoção de quase 62%, que foi inferior às percentagens registadas para as fontes orgânicas.

Tabela 15: Efeito de diferentes fontes de azoto na biodegradação do petróleo bruto pelo consórcio 4

Nitrogen sources		Original weight of crude oil (g/l)	Residual crude oil (g/l)	Consumed crude oil (g/l)	Percentage of consumed crude oil (%)
Peptone	Control	0.335	0.335	0	80.59%
	Con 4	0.335	0.065	0.270	
Yeast extract	**Control**	**0.327**	**0.327**	**0**	**90.82%**
	Con 4	**0.327**	**0.030**	**0.297**	
Ammonium nitrate	Control	0.363	0.363	0	61.98%
	Con 4	0.363	0.138	0.225	
Ammonium Sulfate	Control	0.375	0.375	0	62.13%
	Con 4	0.375	0.142	0.233	
Urea	Control	0.430	0.430	0	62.25 %
	Con 4	0.430	0.161	0.269	

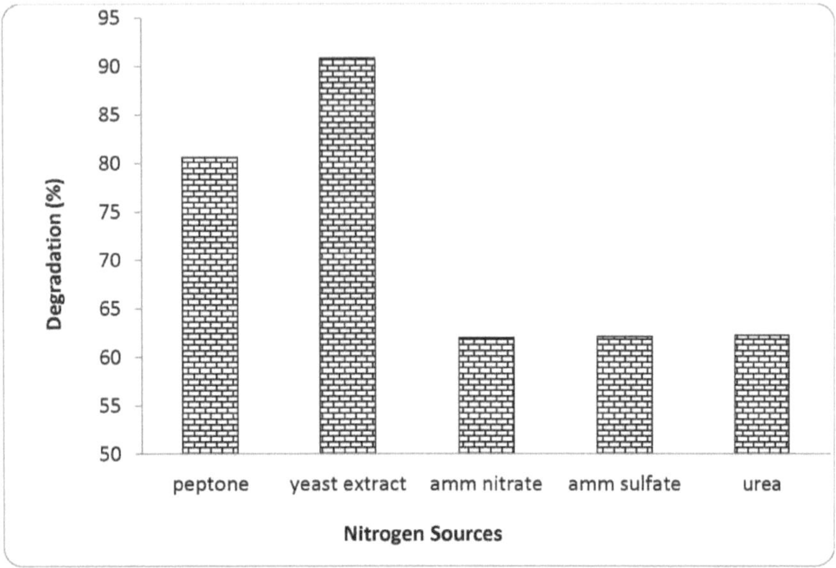

Figura 11: Efeito de diferentes fontes de azoto na degradação do petróleo bruto pelo consórcio selecionado

3.3.1.7. Imobilização do consórcio selecionado com diferentes matrizes poliméricas

Foram utilizadas diferentes matrizes poliméricas, tais como ágar, agarose, PVA e alginato, na imobilização do consórcio selecionado. Os resultados obtidos revelaram que o alginato e o PVA foram as matrizes de imobilização mais bem utilizadas do que as outras matrizes testadas. Como se pode ver na figura 12, o alginato foi mais preferido para o consórcio do que o PVA. A percentagem de remoção foi registada como **94,39%** para o alginato, seguida de **91,62%** para o PVA. Foi demonstrado que o ágar e a agarose apresentaram uma percentagem de degradação mais baixa do que o alginato e o PVA. Como mostra a tabela 16, a percentagem de remoção foi registada como superior a 69,94 e 74,93% para o ágar e a agarose, respetivamente. A potência do consórcio para degradar 1% de petróleo bruto em diferentes matrizes pode ser resumida como alginato > PVA > agarose > agar.

Estes resultados indicaram que uma mistura entre alginato e PVA poderia mostrar matrizes mais preferíveis para o processo de biodegradação e, por conseguinte, submetida a mais experiências.

Tabela 16: Utilização de diferentes matrizes de imobilização para o aprisionamento do consórcio 4 durante o processo de biodegradação do petróleo bruto

Immobilization matrix		Original weight of crude oil (g/l)	Residual crude oil (g/l)	Consumed crude oil (g/l)	Percentage of consumed crude oil (%)
Agar	Control	0.386	0.386	0	69.94%
	Con 4	0.386	0.116	0.270	
Agarose	Control	0.415	0.415	0	74.93%
	Con 4	0.415	0.104	0.311	
PVA	**Control**	**0.414**	**0.414**	**0**	**91.62%**
	Con 4	**0.414**	**0.047**	**0.377**	
Alginate	**Control**	**0.357**	**0.357**	**0**	**94.39%**
	Con 4	**0.357**	**0.020**	**0.337**	

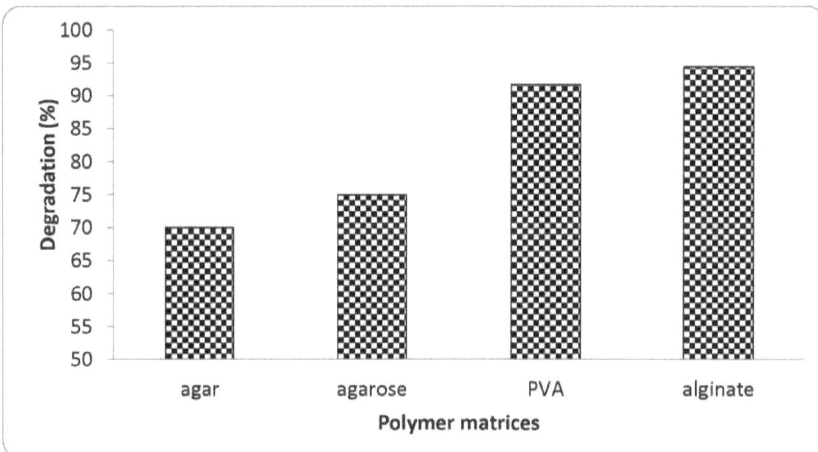

Figura 12: Percentagem de degradação de 1% de petróleo bruto por aprisionamento do consórcio 4 em diferentes matrizes de imobilização

3.3.1.8. Otimização da mistura de co-polímeros

Foram utilizadas diferentes concentrações de alginato e de álcool polivinílico (PVA) com diferentes formas (esferas ou películas). A concentração igual de alginato e PVA (pérolas ou película) mostrou uma baixa taxa de degradação do petróleo bruto. Como se pode ver na tabela 17 e na figura

13, as formulações de pérolas deram mais capacidade de degradação do que as formulações de película nas mesmas concentrações, mas variam quando misturadas em diferentes concentrações. Neste caso, as formulações de esferas em concentrações iguais de PVA e alginato apresentaram maior capacidade de degradação do que as formulações de películas nas mesmas concentrações. Além disso, as porcentagens 1:2 e 2:1 de alginato: PVA apresentaram os mesmos resultados. A concentração óptima das matrizes poliméricas selecionadas foi de alginato 2:1: PVA de esferas que representaram mais de 96% de capacidade de degradação do petróleo bruto.

Tabela 17: Efeito da formação de uma mistura entre duas matrizes poliméricas em diferentes concentrações na capacidade de biodegradação do petróleo bruto

No.	Description	Percentage of polymers blend (Alginate : PVA)	Polymers formulations	Original weight of crude oil (g/l)	Residual crude oil (g/l)	Consumed crude oil (g/l)	Percentage of consumed crude oil (%)
1	Control	1:1	Films	0.353	0.353	0	0
2	Con 4	1:1	Films	0.353	0.119	0.234	66.28
3	Control	1:1	Beads	0.437	0.437	0	0
4	Con 4	1:1	Beads	0.437	0.107	0.330	75.51
5	Control	1:2	Films	0.349	0.349	0	0
6	Con 4	1:2	Films	0.349	0.095	0.254	72.77
7	Control	1:2	Beads	0.314	0.314	0	0
8	Con 4	1:2	Beads	0.314	0.061	0.253	80.57
9	Control	2:1	Films	0.451	0.451	0	0
10	Con 4	2:1	Films	0.451	0.046	0.405	89.80
11	Control	2:1	Beads	0.322	0.322	0	0
12	**Con 4**	**2:1**	**Beads**	**0.322**	**0.011**	**0.311**	**96.58**

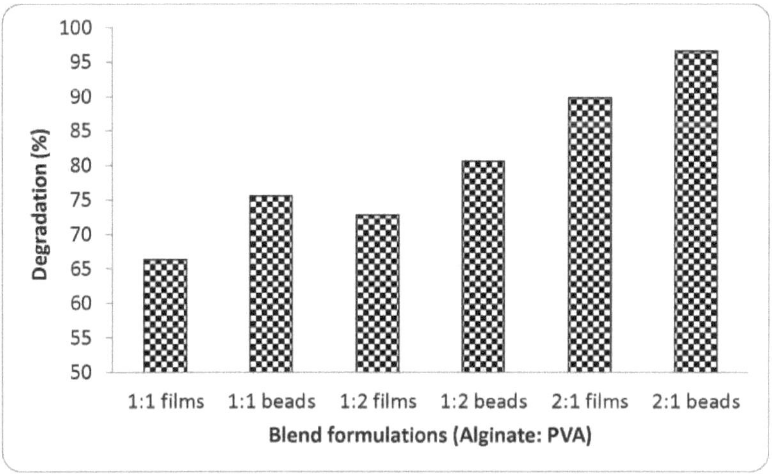

Figura 13: Efeito de diferentes proporções de mistura de diferentes matrizes de imobilização na biodegradação de petróleo bruto pelo consórcio selecionado (con 4)

3.3.2. Otimização da biodegradação do petróleo bruto através de uma experiência fatorial múltipla

3.3.2.1. Aleatorização Plackett-Burman

Na presente parte do estudo, foi aplicada uma abordagem de otimização sequencial. A abordagem trata do rastreio da cultura, bem como dos factores nutricionais que afectam o crescimento do consórcio bacteriano no que diz respeito à biodegradação do petróleo bruto. Além disso, também trata da otimização dos factores que controlam todo o processo.

3.3.2.1.1. Avaliação dos factores que afectam o processo de biodegradação.

Na primeira abordagem, foi aplicado o modelo Plackett-Burman para refletir a importância relativa de vários factores de biodegradação, tal como descrito na secção de materiais e métodos. Foram escolhidos seis factores diferentes (variáveis), incluindo as condições de biodegradação e a constituição do meio, para realizar este processo de otimização. A Tabela 5 mostra os factores escolhidos e os seus níveis. Todas as condições experimentais (ensaios) foram efectuadas em duplicado. As médias dos resultados dos diferentes ensaios (resposta) são dadas em unidades (%) e apresentadas na tabela 18. O efeito principal de cada variável no processo de biodegradação foi estimado como a diferença entre as duas médias das medições efectuadas no nível elevado (+1) e no nível baixo (-1) desse fator. Os dados da tabela 18 mostram uma grande variação de 46,70 % a 67 % da atividade de biodegradação. A análise dos dados das experiências de Plackett-Burman envolveu um modelo de primeira ordem (efeitos principais). Os efeitos principais dos factores examinados na atividade de biodegradação foram calculados e apresentados graficamente na figura 14. Na análise dos coeficientes de regressão das 6 variáveis: extrato de levedura, temperatura, tamanho do inóculo, pH da cultura e polímero mostraram um efeito positivo na atividade de biodegradação; enquanto que a concentração de óleo contribuiu negativamente. A Figura 15 mostra a classificação das estimativas dos factores num gráfico de Pareto. O gráfico de Pareto apresenta a magnitude de cada estimativa de fator e é uma forma conveniente de visualizar os resultados de um modelo de Plackett-Burman.

Tabela 18: Delineamento experimental aleatório de Plackett-Burman para avaliação dos factores que influenciam a biodegradação do petróleo bruto pelo consórcio imobilizado 4

Trials	Original weight of crude oil g/l	Residual crude oil g/l	Consumed crude oil g/l	Percentage of consumed crude oil %
1	0.394	0.210	0.184	46.70
2	0.394	0.140	0.254	64.46
3	0.394	0.169	0.228	57.86
4	0.394	0.170	0.224	56.85
5	0.394	0.180	0.214	54.31
6	0.394	0.163	0.231	58.62
7	0.394	0.200	0.194	49.23
8	**0.394**	**0.130**	**0.264**	**67**

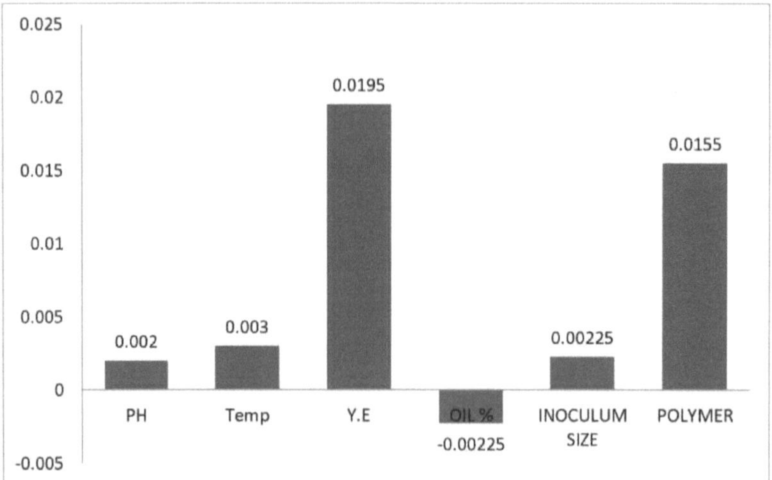

Figura 14: O efeito principal das variáveis examinadas no consumo de óleo de petróleo foi calculado como a diferença entre as duas médias das medições efectuadas no nível alto (+1) e no nível baixo (-1) desse fator, e apresentado graficamente

Tabela 19: Análise estatística da conceção Plackett-Burman, com valores de coeficiente, t e P para cada variável na atividade de biodegradação

Variables	Coefficient	t-test	P-value	Confidence level%
PH	0.002	8	0.079167	92.1
Temp	0.003	12	0.052929	94.70
Yeast Extract	0.0195	78	0.008161	99.18
OIL %	-0.00225	-9	0.070447	92.95
Inoculum size	0.00225	9	0.070447	92.95
Polymer	0.0155	62	0.010267	98.98

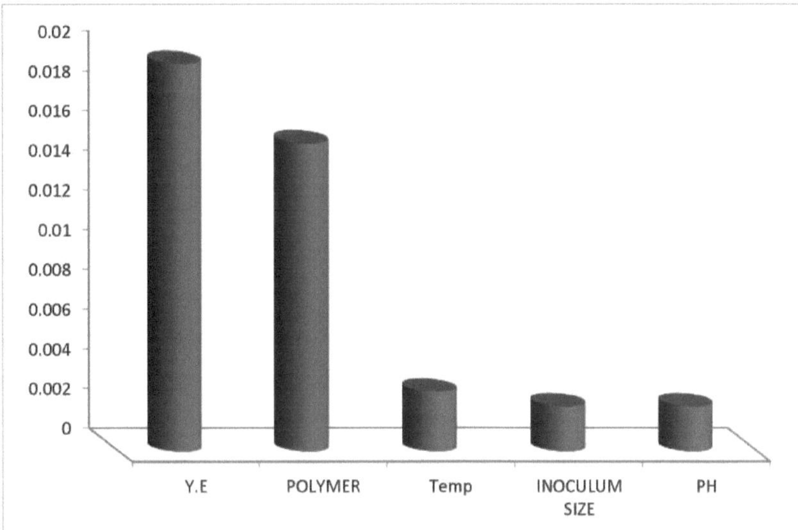

Figura 15: Gráfico de Pareto racionalizando o efeito de cada variável na atividade de biodegradação

O modelo polinomial que descreve a correlação entre os 6 factores e a atividade de biodegradação pode ser apresentado da seguinte forma

$$Y_{activity} = 0.17025 + 0.002X_1 + 0.003X_2 + 0.0195X_3 + 0.00225X_4 - 0.00225X_5 + 0.0155X_6$$

A partir do nível de confiança das variáveis, foi evidente que o extrato de levedura, a concentração de polímero, a temperatura, o pH e o tamanho do inóculo foram as variáveis mais significativas que afectaram a biodegradação do petróleo bruto pelo consórcio bacteriano selecionado. Entre as variáveis testadas, o extrato de levedura foi a única que mostrou o efeito positivo mais significativo. Neste estudo, as concentrações elevadas de petróleo mostraram um efeito adverso no consórcio selecionado. As concentrações elevadas de polímero mostraram um efeito positivo significativo elevado na produção de enzimas, bem como na temperatura.

De acordo com estes resultados, espera-se que um meio com a seguinte composição esteja próximo do ótimo: concentração de óleo → 1%, alginato: PVA → (2:1), extrato de levedura → 1%, pH → 6, temperatura → 40°C e tempo de incubação → 21 dias.

3.4. Análise do óleo residual dos melhores ensaios resultantes da experiência Plackett-Burman

3.4.1. Análise GC-MS

Como passo seguinte do nosso estudo, o meio de crescimento do isolado mais potente na degradação do petróleo (con 4), comparado com a amostra de controlo, foi analisado por GC-MS (figura 16). Os perfis GC-MS dos intermediários metabólicos produzidos durante a degradação do petróleo bruto por este consórcio selecionado são apresentados na tabela 19. Os principais picos de compostos nos tempos de retenção de 5,01, 6,17, 6,64, 7,42, 7,71, 8,35, 8,84, 9,16, 9,39, 10,03, 10,88, 11,66, 12,41, 13,23, 13,30 e 14,73 min foram identificados com base numa biblioteca de compostos padrão, como se mostra na tabela 20. Estes compostos estavam presentes no petróleo bruto sem biodegradação (controlo), mas na presença do consórcio 4 todos os compostos foram completamente degradados pelo consórcio selecionado, que os degradou a cerca de 100 % em comparação com o controlo.

Os resultados obtidos espectrofotometricamente foram corroborados pela análise GC-MS. O consórcio selecionado foi capaz de utilizar hidrocarbonetos de C12 a C19, além de C22 e outras estruturas complicadas, como ácido succínico, éster docosilisohexílico, 3- Dotriacontanona, 9,11-dihidroxi-4-metil-, [Hexadecano, 1,1'- [1,2-etanodiilbis (oxi)] bis- , ácido 1,2-ciclohexanodicarboxílico, hexadecil,5-metoxi-3-metilpentílico e ácido octadecanóico, 3-hidroxi-2-tetradecil-, éster metílico, (2R,3R). Os únicos hidrocarbonetos que foram parcialmente degradados foram C20, C21, C23, C24, C26, C28, C30, C32 e C34, que permaneceram detectáveis no petróleo bruto após a degradação pelo consórcio bacteriano.

Percentagem de degradação (%) =

(área do pico do controlo | área do pico da amostra) - 100

Tabela 20: Análise GC da composição dos óleos brutos na amostra injectada com o Consórcio 4, para além da amostra de controlo.

Peak	Retention time	Compound name OR formula	Peak area (control)	Peak area (sample)	Percentage of degradation (%)
1	5.01	$C_{12}H_{26}$	2740672409.43	0	100
2	6.17	$C_{13}H_{28}$	1118270278.12	0	100
3	6.64	Succinic acid, docosylisohexyl ester	3221140912.11	0	100
4	7.42	3-Dotriacontanone, 9,11-dihydroxy-4-methyl-, [4R-(4R*,9R*,11R*)]	856780915.31	0	100
5	7.71	Hexadecane, 1,1'-[1,2-ethanediylbis(oxy)]bis-	1104181738.47	0	100
6	8.35	$C_{14}H_{28}$	2959886209.07	0	100
7	8.54	1,2-Cyclohexanedicarboxylic acid, hexadecyl,5-methoxy-3-methylpentyl ester	923801641.63	0	100
8	9.16	Octadecanoic acid, 3-hydroxy-2-tetradecyl-, methyl ester, (2R,3R)-	993275177.39	0	100
9	10.03	$C_{15}H_{32}$	2271325329.62	0	100
10	11.66	$C_{16}H_{34}$	2162439492.38	0	100
11	12.41	Succinic acid, 2-decyl octadecyl ester	787787073.06	0	100
12	13.23	$C_{17}H_{36}$	1950663111.22	0	100
13	14.73	$C_{18}H_{38}$	1862087848.44	0	100
14	16.17	$C_{19}H_{40}$	1913352482.88	0	100
15	17.54	$C_{20}H_{42}$	1729670619.38	287847958.57	93
16	18.86	$C_{21}H_{44}$	1817922489.69	200470391.78	91
17	20.12	$C_{22}H_{46}$	1737837236.52	0	100
18	23.65	$C_{23}H_{48}$	1607497972.32	327194066.65	95.9
19	24.89	$C_{24}H_{50}$	1590413023.99	1627161953.25	99
20	26.24	$C_{26}H_{52}$	1654427903.24	312436112.58	94.7
21	27.69	$C_{28}H_{54}$	1444811950.00	50172783396	99.7
22	29.22	$C_{30}H_{56}$	1288491233.00	622921333.18	79.3
23	30.82	$C_{32}H_{58}$	1044012608.12	662412539.29	98.4
24	32.46	$C_{34}H_{60}$	864350328.48	573194949.66	98.4

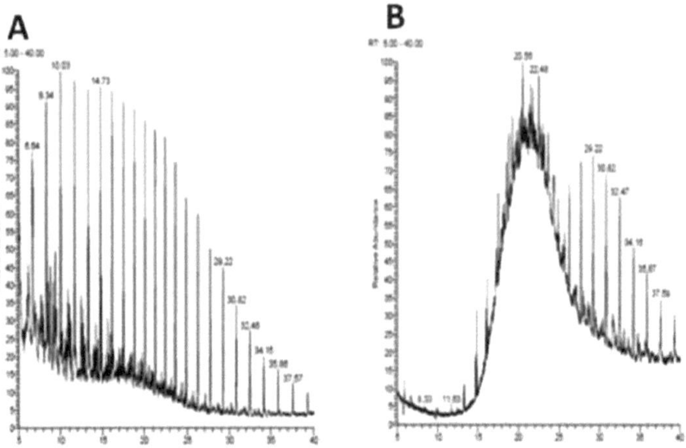

Figura 16: Aspeto do material químico na amostra em comparação com o padrão injetado com o Consórcio 4, utilizando a Cromatografia Gasosa. A: padrão; B: amostra.

3.5. Caracterização do polímero

3.5.1. Resistência à tração

Para investigar a influência da mistura de SA nas propriedades mecânicas com membranas de hidrogel de PVA, foram efectuadas medições da resistência máxima à tração e do alongamento na rutura. A boa estabilidade mecânica é um fator importante a ter em conta no fabrico de tais combinações para este tipo de aplicação. Como demonstrado, as propriedades mecânicas das membranas de SA e PVA foram avaliadas e os resultados estão listados na Tabela 21. A resistência à tração da SA aumentou com a adição de bactérias de 1,4 para 12,9 N; enquanto que a resistência à tração do PVA diminuiu com a adição de bactérias de 27,80 para 10,10 N. Estes resultados podem ser atribuídos à adição de SA ao PVA, que pode acelerar e desestabilizar o alongamento da rutura do hidrogel, o que resulta na diminuição e desconstrução da resistência à tração máxima. Por outro lado, a resistência à tração da mistura SA: PVA (1:2 e 2:1) é aumentada com a adição de bactérias de 8,57 e 11,30 para 17,50 e 23,70, respetivamente, o que significa que a adição de bactérias à SA melhora e aumenta a resistência à tração da membrana preparada.

Tabela 21: Medições da resistência à tração das misturas SA/PVA com e sem bactérias

Sample		Max_Force (N)	Max_Disp (cm)
SA	without bacteria	1.41	4.78
	with bacteria	12.90	0.34
PVA	without bacteria	27.80	1.38
	with bacteria	10.10	0.58
SA:PVA (1:1)	without bacteria	19.10	0.91
	with bacteria	4.40	0.74
SA:PVA (2:1)	without bacteria	11.30	0.55
	with bacteria	23.70	0.66
SA:PVA (1:2)	without bacteria	8.57	0.42
	with bacteria	17.50	1.60

3.5.2. Espectroscopia FTIR

O espetro do SA puro com e sem bactérias mostra os picos proeminentes do estiramento C=O do grupo carboxílico a 1612 cm^{-1}, que aumentou para 1620,26 no SA com bactérias, e o pico caraterístico do grupo hidroxilo livre é observado na gama de 3358 cm^{-1} a 3161 cm^{-1} e também 3286,81 cm^{-1}, 3257,88 cm^{-1}, como se mostra na figura 17 A e B. Os espectros FTIR do PVA com e sem bactérias contêm uma banda larga em torno de 3400 cm^{-1}, envolvendo a banda hidroxilo forte para álcoois livres e ligados a hidrogénio. O espetro do PVA mostra os picos proeminentes do estiramento C-OH do grupo carboxílico a 1282 cm^{-1} e deslocado para 1190 cm^{-1} no PVA com bactérias e o pico caraterístico do grupo hidroxilo livre é observado na gama de 3443 cm^{-1} a 3107 cm^{-1} e também 3576.14 cm^{-1} a 3219,30 cm^{-1}, como se pode ver nas figuras 17 C e D. Os espectros FT-IR do PVA/SA antes e depois da integração das bactérias são apresentados nas figuras 17 E→J. O espetro obtido a partir do PVA/SA mostra um pico fraco de estiramento C=O a 1712 cm^{-1} que provém do grupo - COO -Na^+ do SA, indicando que o SA está bem misturado com o PVA. Apareceu uma banda forte e larga à volta de 3447,64 cm^{-1} correspondente a vibrações de estiramento O-H; enquanto que a banda a 1633,52 cm^{-1} pode ser devida ao estiramento CO do grupo carbonilo. Comparando os espectros FT-IR do PVA/SA antes e depois da integração da bactéria, pode concluir-se que as bandas caraterísticas acima mencionadas deste último

bandas caraterísticas acima mencionadas deste último são ligeiramente afectadas na sua posição e intensidade. No entanto, não ocorre qualquer ligação química neste processo.

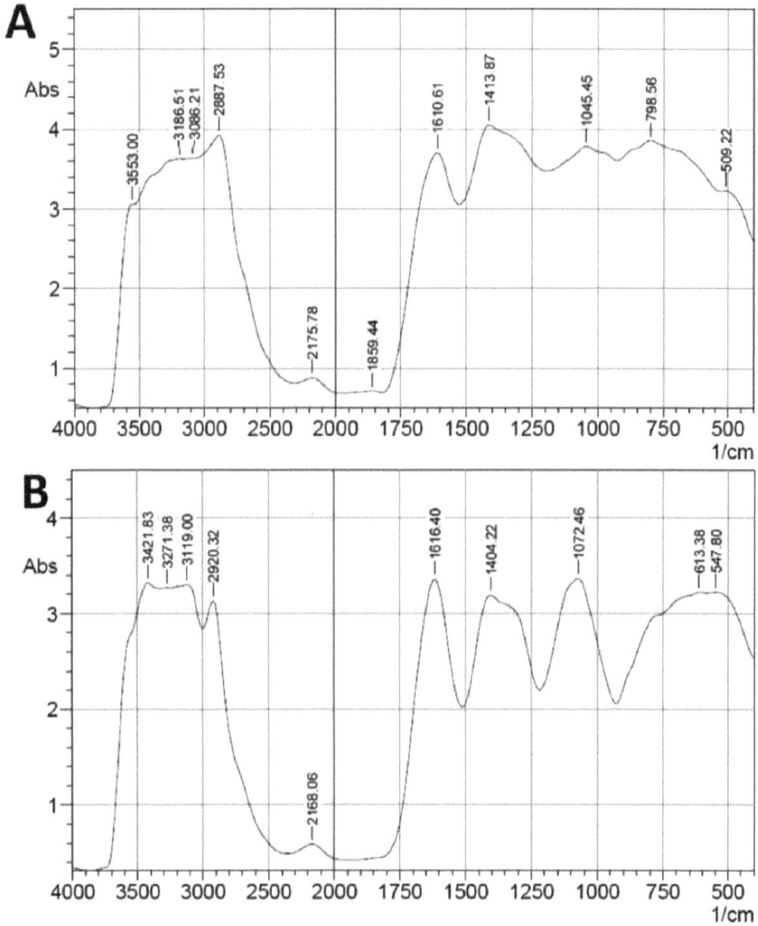

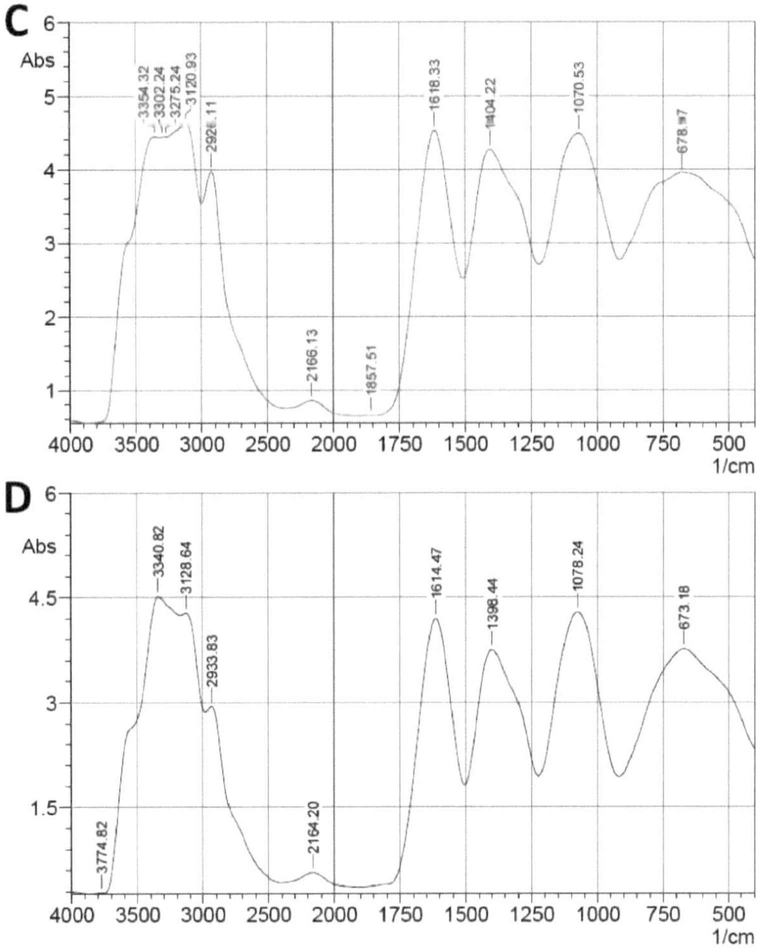
C
Abs
3354.32
3302.24
3275.24
3120.93
1618.33
1070.53
2166.13
1857.51
1/cm
D
Abs
3340.82
3128.64
2933.83
1614.47
1398.44
1078.24
673.18
2164.20
3774.82
1/cm

E

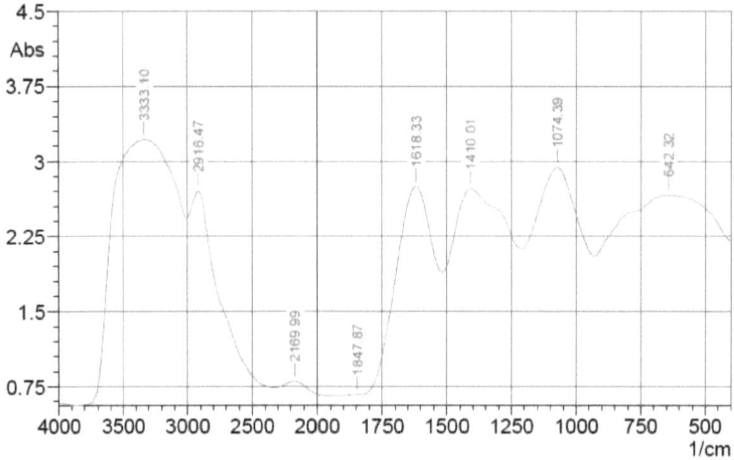
Abs
4.5
3.75
3
2.25
1.5
0.75
3333.10
2916.47
2169.99
1847.87
1618.33
1410.01
1074.39
642.32
4000 3500 3000 2500 2000 1750 1500 1250 1000 750 500
1/cm

F

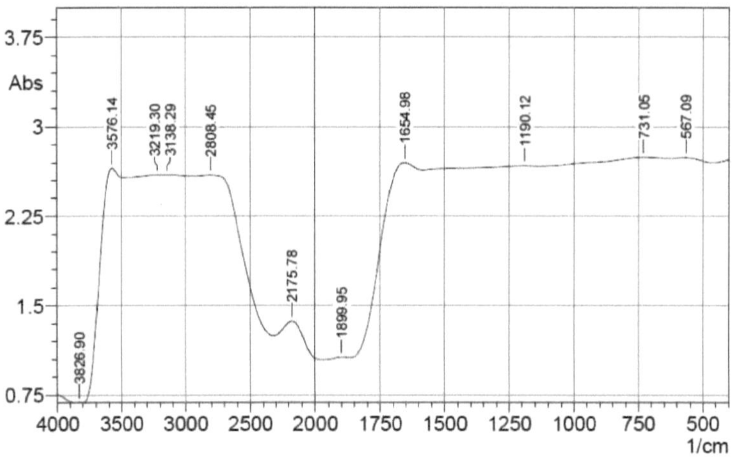
Abs
3.75
3
2.25
1.5
0.75
3826.90
3576.14
3219.30
3138.29
2808.45
2175.78
1899.95
1654.98
1190.12
731.05
567.09
4000 3500 3000 2500 2000 1750 1500 1250 1000 750 500
1/cm

G

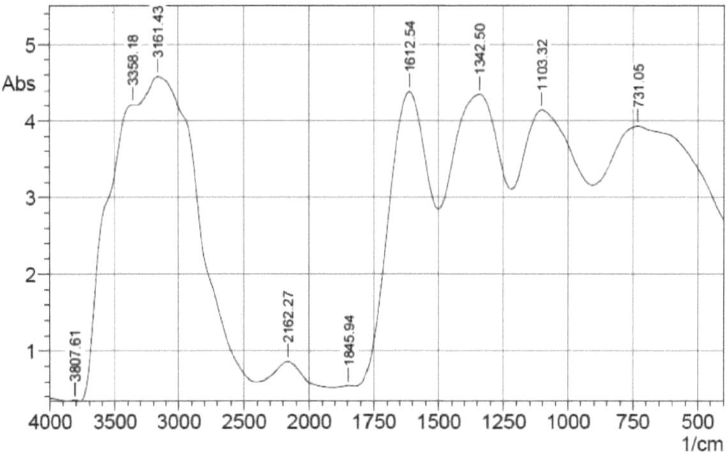
Abs
3807.61
3358.18
3161.43
2162.27
1845.94
1612.54
1342.50
1103.32
731.05
1/cm

H

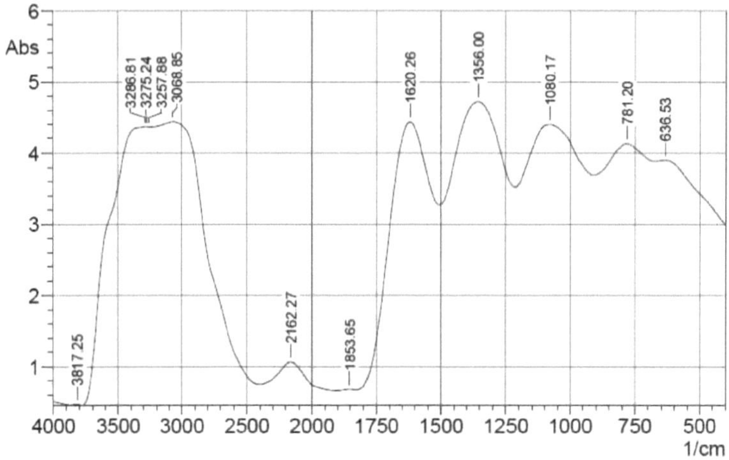
Abs
3817.25
3286.81
3275.24
3257.88
3068.85
2162.27
1853.65
1620.26
1356.00
1080.17
781.20
636.53
1/cm

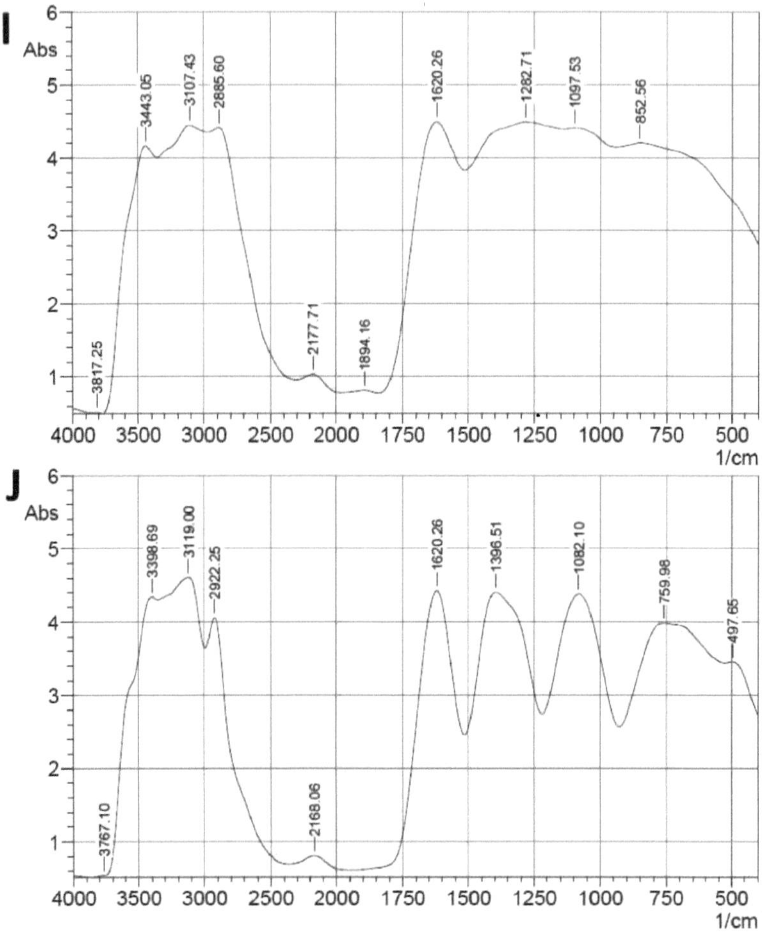

Figura 17: Espectroscopia FTIR de SA e PVA com e sem bactérias. **A:** SA; **B:** SA com bactéria; **C:** PVA; **D:** PVA com bactéria; **E:** Mistura SA/PVA (1:1); **F:** Mistura SA/PVA (1:1) com bactéria; **G:** Mistura SA/PVA (2:1); **H:** Mistura SA/PVA (2:1) com bactéria; **I:** Mistura de SA/PVA (1:2); **J:** Mistura de SA/PVA (1:2) com bactérias.

3.5.3. Análise XRD

A espinha dorsal flexível do PVA é favorável ao empacotamento molecular e à cristalização, mas a espinha dorsal volumosa e rígida do alginato de sódio é desfavorável à cristalização. Foram demonstrados os espectros XRD das membranas de PVA puro, SA e SA:PVA em concentrações (1:1, 2:1 e 1:2). A difração típica do PVA puro aparece a 2 θ= 9,7°, exibindo (101) reflexão cristalina (11,8). O padrão XRD do PVA com bactérias é semelhante ao do PVA puro, com uma deslocação do pico. Este desvio do pico do PVA demonstra a interação entre o PVA e as bactérias, onde 2 θ = 7,9 e reflexão (11,1 A). Além disso, o SA puro aparece a 2 θ = 9,2, exibindo reflexão 9,5 quase o mesmo teta e reflexão no caso do SA com bactérias. O padrão XRD de PVA/SA com concentrações iguais é semelhante ao de PVA puro com uma deslocação do pico. Esta deslocação do pico de SA:PVA (1:1) demonstra a interação entre PVA e SA. A membrana é semi-cristalina com espaçamento d (11,9 A) de cristalitos, e a membrana destas concentrações é totalmente amorfa com distância intermolecular média (6,55 A).

Os padrões de difração de raios X das membranas de mistura variam com as suas composições. A cristalinidade diminui com o aumento do teor de alginato de sódio. A partir deste resultado, verificou-se que os dois polímeros, PVA e alginato de sódio, foram misturados numa determinada gama e afectam-se mutuamente na cristalização (figura 18).

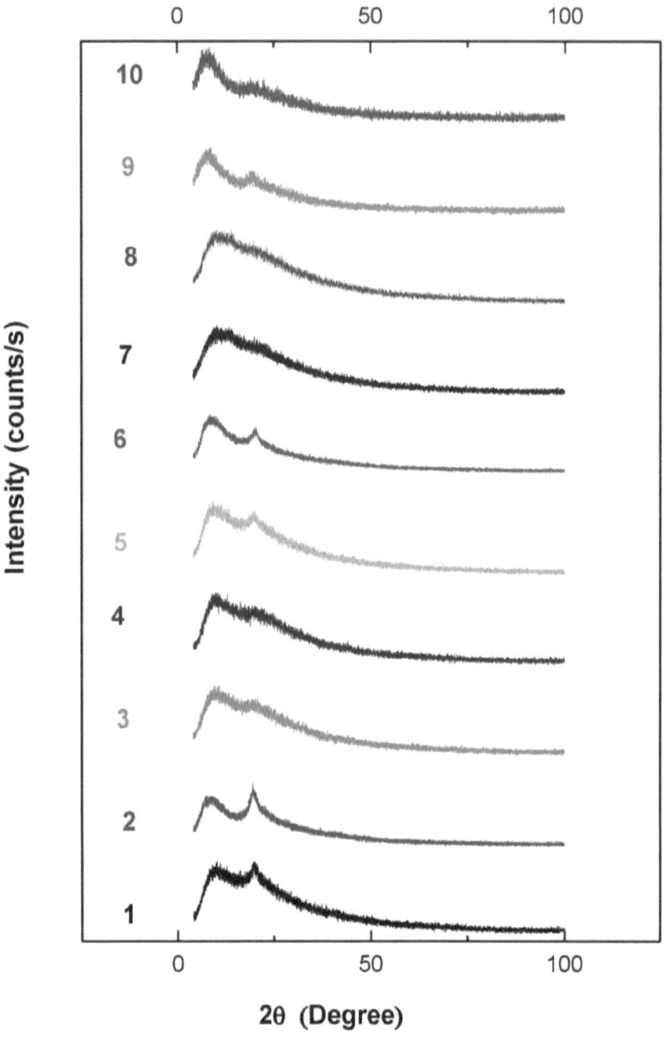

Figura 18: Análise XRD de SA e PVA com e sem bactérias. **1:** SA; **2:** SA com bactérias; **3:** PVA; **4:** PVA com bactérias; **5:** Mistura SA/PVA (1:1); **6:** Mistura SA/PVA (1:1) com bactérias; **7:** Mistura SA/PVA (2:1); **8:** Mistura SA/PVA (2:1) com bactérias; **9:** Mistura SA/PVA (1:2); **10:** Mistura SA/PVA (1:2) com bactérias.

Capítulo 4

4. DISCUSSÃO

O Mar Mediterrâneo é uma das bacias semi-fechadas do mundo com elevado risco de poluição devido ao forte tráfego marítimo e às indústrias de extração e refinação de petróleo que estão presentes em toda a costa da bacia **(Daffonchio *et al.*, 2012).** Os hidrocarbonetos de petróleo são um importante recurso energético e matéria-prima para várias indústrias. O aumento da procura de produtos petrolíferos no quotidiano pode causar a sua escassez e aumentar o seu custo, uma vez que ainda não foram encontradas alternativas adequadas **(Varjani *et al.*, 2015; Varjani e Upasani, 2016)**. As actividades antropogénicas, como as escorrências industriais e municipais; a libertação de efluentes; as actividades da indústria petrolífera offshore e onshore, bem como os derrames acidentais, causam a poluição por hidrocarbonetos de petróleo. Esta poluição afecta o ambiente e representa um risco direto ou indireto para a saúde de todas as formas de vida no planeta Terra **(Margesin e Schinner, 2001; Deppe *et al.*, 2005; Souza *et al.*, 2014; Sajna *et al.*, 2015)**. Os métodos físicos e químicos, como a volatilização, a foto-oxidação e a oxidação química **(Zhao *et al.*, 2008)**, raramente são bem sucedidos na remoção rápida e na limpeza de PAH **(Prince, 1997)**, e estes métodos também não são seguros e económicos quando comparados com a bioremediação microbiana. As abordagens físicas e químicas para a limpeza de derrames de petróleo são demasiado dispendiosas e criam efeitos adversos. A bioremediação tem demonstrado um grande potencial e um privilégio competitivo porque é amiga do ambiente e económica **(Wang *et al.*, 2010)**. O mais comum é a decomposição da contaminação em formas não tóxicas através de processos microbiológicos **(Collin, 2001)**. No presente estudo, foi possível isolar nove consórcios microbianos diferentes de diferentes locais do Mar Mediterrâneo e testar a sua capacidade de degradação do petróleo bruto. **Amer e Abdel-Fatah, 2014 e Abdel-Fatah *et al.*, 2015**, utilizaram com êxito os mesmos locais para o isolamento de isolados microbianos com elevadas taxas de degradação do petróleo bruto. Por outro lado, **Elmekawy *et al.*, 2016**, utilizaram o Mar Vermelho para o isolamento de micróbios degradadores de petróleo bruto. A biodegradação do petróleo bruto utilizando consórcios bacterianos foi quase preferida em relação a estirpes individuais. **Rahman *et al.* (2002)**, declararam que a taxa de biodegradação de 1% (v/v) de petróleo bruto por consórcios bacterianos foi (78%) superior à das estirpes bacterianas individuais: *Pseudomonas* sp. DS10-129 (66%), *Bacillus* sp. DS6-86 (59%), *Micrococcus* sp.GS2-22 (49%), *Corynebacterium* sp.GS5-66 (43%), e *Flavobacterium* sp. DS5-73 (41%). Além disso, de acordo com **(Sathishkumar *et al.*, 2008)**, o consórcio misto de quatro estirpes bacterianas degradou um máximo de 77% de petróleo bruto, seguido de 69% por *Pseudomonas* sp. BPS1-8, 64% por *Bacillus* sp. ISS1-7, 45% por *Pseudomonas* sp. HPS2-5, e 41% por

Gorynebacterium sp. BPS2-6 a 1% de concentração de petróleo bruto. Além disso, **Wang *et al.* 2010**, mostrou que, um consórcio bacteriano consistindo de *Commaonas acidovorans* Px1, *Bacillus* sp. Px2, e *Pseudomonas* sp.

A Px3 atingiu uma percentagem de biodegradação de 97-99% para o óleo lubrificante. A utilização de consórcios bacterianos para a biodegradação de petróleo bruto foi registada em muitos artigos publicados recentemente **(Abdul Rahman *et al.*, 2004; Sathishkumar *et al.*, 2008; Xu *et al.*, 2010; Abdel Fattah *et al.*, 2014)**.

Para maior esclarecimento, um consórcio microbiano é definido como um grupo de diferentes espécies de microrganismos que actuam em conjunto como uma comunidade. As vantagens da utilização de culturas mistas em vez de culturas puras na bioremediação têm sido amplamente demonstradas. Tal pode ser atribuído aos efeitos das interações sinérgicas entre os membros da associação. Os mecanismos pelos quais os degradadores de petróleo beneficiam de interações sinérgicas podem ser complexos. É possível que uma espécie remova os metabolitos tóxicos (que, de outra forma, poderiam prejudicar as actividades microbianas) da espécie que a precede. Também é possível que a segunda espécie consiga degradar compostos que a primeira só consegue degradar parcialmente **(Alexander, 1999)**. Por exemplo, o melhor consórcio degradador foi selecionado de acordo com a maior densidade ótica e a menor percentagem de resíduos de óleo. Do total de 9 consórcios bacterianos, o consórcio 4 foi selecionado como degradador eficiente de petróleo bruto com base nos critérios selecionados mencionados. Como se pode ver na figura (2) e na tabela (7), as densidades ópticas dos outros oito consórcios após 7, 14 e 21 dias de incubação eram significativamente inferiores às do consórcio selecionado (consórcio 4). Conseguiu degradar quase 95% do petróleo bruto total alterado em comparação com a amostra de controlo. Foi capaz de degradar 0,375 g/l de petróleo bruto de 0,394 g/l de concentração inicial com 0,092 g/l como resíduo após três semanas de incubação. Posteriormente, selecionámos quatro isolados microbianos purificados do consórcio 4, responsáveis pela elevada percentagem de degradação do petróleo bruto.

Os isolados selecionados foram classificados em espécies bacterianas com base na caraterização de genotipagem confirmada geneticamente por sequências de 16S rRNA. Inicialmente, a análise DGGE mostrou uma ampla distribuição de um grande número de espécies bacterianas nas amostras testadas. As quatro bandas do melhor consórcio de degradação (con 4) foram selecionadas para sequenciação e identificação com base nas suas sequências do gene 16S rRNA. Os resultados obtidos provaram que o elevado número de espécies bacterianas num consórcio específico não é uma evidência de ser o melhor. Embora o consórcio 4 contivesse o menor número de bactérias (4 espécies), foi registado como o melhor degradador entre os outros consórcios testados.

A sequência do gene 16S rRNA tem sido amplamente utilizada como ferramenta molecular para estimar as relações entre bactérias (filogenia), mas mais recentemente também se tornou importante como meio de identificar bactérias desconhecidas ao nível do género ou da espécie. Neste estudo, a análise de semelhança BLAST mostrou que os isolados bacterianos são muito semelhantes a *Rhodococcus erythropolis*, *Pseudomonas stutzeri* e *Enterococcus faecalis* com 99% de identidade, e o isolado final como *Enterococcus* sp. com 86% de identidade. Artigos recentes atribuem a elevada percentagem de degradação do petróleo bruto à presença de alguns isolados bacterianos, incluindo *Rhodococcus* e *Pseudomonas* sp. Isto pode dever-se à eficácia de *Rhodococcus* sp. para mineralizar o petróleo bruto e produzir biossurfactantes extracelulares que aceleraram ainda mais o processo de biodegradação **(Hamzah, *et al.*, 2013)**. Além disso, foi relatado que o género *Pseudomonas* transporta o gene da alcano hidroxilase responsável pela hidroxilação de alcanos, um componente importante do petróleo bruto e naftaleno dioxigenase responsável pelo ataque inicial à degradação de hidrocarbonetos aromáticos **(Hamzah, *et al.*, 2011; Hamzah, *et al.*, 2013)**.

Foram reconhecidos vários factores limitantes que afectam a biodegradação dos hidrocarbonetos de petróleo. O sucesso da bioremediação depende de condições físicas e químicas, tais como requisitos nutricionais, temperatura, pH, tamanho do inóculo, concentração de petróleo bruto como fonte de carbono, fonte de azoto, tempo e imobilização do consórcio selecionado pela matriz polimérica. Cada parâmetro individual foi testado e optimizado. A temperatura é um dos factores mais importantes para a biodegradação e para a diminuição da viscosidade do petróleo bruto, pelo que a temperatura deve ser optimizada para obter uma elevada percentagem de petróleo bruto consumido. Como sugerido por **(Leahy *e* Colwell., 1990)**, a temperatura ambiente pode ter influenciado a degradação do óleo através da sua influência na natureza física do óleo e na composição da comunidade microbiana presente. Os dados representados na tabela (10) e na figura (6) mostraram claramente que a temperatura óptima para o consórcio selecionado foi de 40°C, o que revelou uma percentagem mais elevada de óleo bruto consumido, superior a 87%. A capacidade de biodegradação aumentou com o aumento da temperatura até à temperatura óptima de 40°C e diminuiu a 45°C, o que indica que a temperatura óptima utilizada para este estudo é de 40°C para apresentar um elevado consumo de petróleo bruto do que as outras temperaturas utilizadas. **Thavasi *et al.*, 2007** relataram que a elevada degradação do petróleo bruto (91,5%) ocorreu quando *P. aeruginosa* foi incubada a 38 °C. Este resultado demonstrou estar quase de acordo com o nosso presente estudo quando o consórcio 4 degradou o petróleo bruto com (87%) a 40°C. Em contrapartida, **Zekri e Chaalal, 2005,** mostraram que a capacidade de degradação mais elevada foi alcançada a 75°C e referiram que o crescimento bacteriano aumentou com o aumento da temperatura, o que resultou numa aceleração da biodegradação do petróleo bruto. Podemos atribuir os seus resultados à capacidade dos seus isolados bacterianos de trabalharem a altas temperaturas, uma vez que foram registados como estirpes termofílicas. Por outro lado, **Venosa e Holder, 2007,** referiram que o óleo disperso era biodegradado rapidamente a 20°C e menos rapidamente a 5°C. Atribuíram a diminuição das taxas de biodegradação a temperaturas mais baixas ao facto de as taxas metabólicas bacterianas serem mais baixas.

Como se mostra na figura (7) e na tabela (11), a maior capacidade de biodegradação foi alcançada a pH 6 como condição ligeiramente ácida. A pH 6, o consórcio apresentou 89% de degradação em comparação com 3% e 18% para pH 3 e 11, que foram utilizados como as condições mais ácidas e básicas, respetivamente. Os nossos resultados estão de acordo com **Shin *et al.*, 2008**, que referiram que foi encontrada uma taxa de mineralização relativamente elevada de hidrocarbonetos na gama de pH 68, com uma taxa de mineralização máxima a pH 6 utilizando um meio de sal mineral. **Wang *et al.*, 2011** mencionaram que o valor do pH é muito importante, uma vez que os processos metabólicos são altamente susceptíveis mesmo a pequenas alterações no pH. **Meredith *et al.*, 2000** e **Rahman *et al.*, 2002** referiram que quaisquer extremos no pH demonstraram ter uma influência negativa na capacidade das populações microbianas para degradar hidrocarbonetos. De acordo com **San Martin, 2011**, as alterações do pH têm um efeito sobre a atividade de biodegradação das populações microbianas, bem como sobre a solubilização e a absorção/dessorção de iões e poluentes. **Prescott *et al.*, 2002** associa condições ligeiramente ácidas à produção de intermediários ácidos e estes intermediários ácidos têm a função de baixar o pH do sistema. Do mesmo modo, foram observadas condições ligeiramente básicas para uma menor degradação do óleo.

Como mencionado na parte experimental, foram efectuados diferentes tempos de biodegradação do petróleo bruto utilizando o consórcio 4, variando de uma a três semanas. Da tabela (12) podemos observar que após uma semana de incubação, a percentagem de remoção de óleo foi de 48,09%;

Esta percentagem aumentou para atingir quase 69% após duas semanas; por outro lado, foi obtida uma percentagem mais elevada de óleo bruto consumido (79,36%) após três semanas de incubação. **Abdel-Fattah *et al.*, 2014** relataram que a degradação do petróleo bruto ocorreu por consórcio bacteriano quando incubado por três semanas, o que está de acordo com o presente estudo. Como se sabe, o petróleo bruto é composto por um grande número de hidrocarbonetos alifáticos e aromáticos que são difíceis de degradar. A adaptação e os requisitos utilizados pelas estirpes microbianas para degradar estes componentes necessitam de longos períodos de tempo. Além disso, alguns micróbios podem demorar várias semanas na fase de desfasamento antes de entrarem na fase exponencial de crescimento. Todos estes factores afectam o período de incubação que os organismos necessitam para iniciar o processo de biodegradação. Do nosso ponto de vista, longos períodos de incubação podem aumentar e melhorar o processo de biodegradação do petróleo bruto.

Diferentes concentrações de petróleo bruto foram utilizadas como fonte de carbono para a biodegradação pelo consórcio 4. A partir da tabela (13), podemos observar que, na concentração de 1% de petróleo bruto, o consórcio selecionado mostrou uma capacidade de degradação superior a 91%; enquanto que, em concentrações mais elevadas, os estudos de degradação mostraram uma inibição das capacidades de degradação até 33,5% a 3% de petróleo bruto. Os nossos resultados são superiores aos resultados de **Sathishkumar *et al.*, 2008**, que referiram que o consórcio bacteriano misto apresentou 76% de degradação a 1% de petróleo bruto. Por outro lado, **Thavasi *et al.*, 2007** relataram que a degradação máxima do petróleo bruto por *Pseudomonas aeruginosa* mostrou quase 85% a 2% de petróleo bruto. Poderíamos atribuir a diminuição da capacidade de biodegradação a concentrações mais elevadas de petróleo à acumulação de concentrações elevadas de componentes inibidores do petróleo que afectam o crescimento e a potência da bactéria.

Como se pode ver na tabela (14) e na figura (10), a percentagem de degradação do óleo aumentou drasticamente com diferentes tamanhos de inóculo bacteriano, atingindo a sua capacidade máxima a 1,5 ml com uma percentagem de degradação de 92,44%. No entanto, os aumentos nos tamanhos de inóculo acima de 1,5 ml mostraram uma diminuição drástica na capacidade de biodegradação. Estas observações podem estar relacionadas com a produção de quantidades elevadas de metabolitos tóxicos a uma densidade bacteriana elevada, que aceleram a transição das células da fase logarítmica para a fase estacionária e, por sua vez, aumentam o número de células mortas, afectando subsequentemente a capacidade de biodegradação. Por outro lado, as baixas densidades celulares permitem que as células bacterianas ganhem mais tempo na fase logarítmica e, consequentemente, resultam em maiores capacidades de remediação do óleo. De acordo com o mesmo contexto, **Olama *et al.*, 2013** relataram que a degradação máxima do óleo diesel por *Bacillus cereus* A (85,89% e 83,33% de hidrocarbonetos alifáticos e aromáticos) foi alcançada com um nível de inóculo de 2 ml; no entanto, a degradação mínima do óleo diesel (50,1% de hidrocarbonetos alifáticos e 48,51% de hidrocarbonetos aromáticos) foi alcançada com um nível de inóculo de 4 ml.

Foi previamente testada a melhoria do processo de biodegradação através da adição de fontes de azoto orgânico ou inorgânico. A fonte de azoto é considerada o principal bloco de construção de enzimas, proteínas e ácidos nucleicos. Isto explica a importância das fontes de azoto que ajudam os organismos a construir as suas enzimas, necessárias para o processo de biodegradação **(Margesin, *et al.*, 2000)**. Shabir e os seus colegas referiram que a adição de fontes de azoto aumentou as taxas de biodegradação do querosene e do petróleo bruto (**Shabir *et al.* 2007**).

No presente estudo, o extrato de levedura seguido da peptona foram registados como as melhores fontes de azoto e resultaram numa percentagem de biodegradação de 90,8% e 80,5%, respetivamente. Foi referido que o tipo de fonte de azoto preferida depende do tipo de organismo. **Hamzah *et al.*, 2013** relataram que os seus consórcios bacterianos tendiam a utilizar iões NH^{4+} em vez de peptona e extrato de levedura, que são estruturalmente mais complexos. Estes resultados não estão de acordo com os resultados do nosso consórcio, que preferiu fontes de azoto orgânico. Além disso, **Hesnawi e Adbeib, 2013** relataram que a degradação máxima do solo contaminado com combustível diesel mostrou uma percentagem mais elevada quando se utilizou ureia como fonte de azoto (79,8%); no entanto, a degradação máxima no presente estudo é de 90,8% com extrato de levedura como fonte de azoto; enquanto a ureia mostrou 62,25% de degradação do petróleo bruto.

Semelhante aos nossos resultados, **Taha *et al.*, 2013, Swamy *et al.*, 2010 e Rahman *et al.*, 2006** ilustraram a variação da capacidade de consórcios bacterianos mistos para degradar o petróleo bruto com diferentes matrizes de imobilização. Recentemente, a imobilização microbiana tem sido utilizada para aumentar a concentração e a atividade das células. Além disso, os produtos das células imobilizadas podem ser facilmente separados e as células imobilizadas podem ser reutilizadas para aplicações sucessivas, o que reduz o custo global (**Beshay *et al.*, 2002; Das e Chandran, 2011**). Vários estudos foram utilizados e comprovaram o aumento significativo da eficiência de remoção de hidrocarbonetos em culturas imobilizadas (**Das e Adholeya, 2015**).

De acordo com os resultados deste estudo, a taxa de biodegradação do petróleo bruto foi elevada nos casos com matriz de alginato, seguida de PVA, agarose e ágar, respetivamente. Pode concluir-se que o alginato e o PVA apresentaram uma maior eficiência de produção do que os outros dois polímeros. Este facto pode ser atribuído à diferença nas estruturas porosas das matrizes, que permitem um melhor crescimento das células nas matrizes de alginato e PVA (**Dias *et al.*, 2000**), resultando assim numa taxa de biodegradação mais elevada.

Além disso, os dados obtidos demonstraram que o aumento das taxas de biodegradação de hidrocarbonetos por células imobilizadas parece depender muito do biocarreador e das condições de cultura utilizadas. Não se registou qualquer aumento da degradação do petróleo bruto com células imobilizadas em ágar e agarose, pelo que se pode concluir que estes materiais não são adequados como biocarreadores para fins de bioremediação. No entanto, o ágar e a agarose podem ser biotransportadores adequados para diferentes estirpes de bactérias ou consórcios para a biodegradação de outras fontes de carbono ou para a produção de diferentes produtos microbianos. Esta suposição pode ser apoiada pelos dados obtidos por **Taha, *et al.*, 2013**, que relataram que o alginato foi o melhor transportador imobilizado para a produção de biossurfactantes a partir de glicose como substrato; no entanto, o ágar foi a melhor matriz para a produção de biossurfactantes usando antraceno ou fenantreno como fontes de carbono usando os mesmos isolados bacterianos.

Uma vez que o alginato e o PVA mostraram um aumento da capacidade de biodegradação do petróleo bruto, foi formada uma mistura entre eles com diferentes concentrações para uma maior otimização e, assim, um aumento da biodegradação do petróleo bruto como única fonte de carbono. A melhor mistura registada foi formada por alginato 2:1: PVA que conseguiu elevar a percentagem de biodegradação para 96,58%. A utilização de polímeros misturados para fins de imobilização não é comum no caso da biodegradação do petróleo bruto; no entanto, já foi aplicada anteriormente para fins biomédicos e de administração de medicamentos **(Kulkarni *et al.*, 1999; *SanliandIsiklan*, 2007; Kulkarni *et al.*, 2010; Hua *et al.*, 2010; Reddy *et al.*, 2010)**.

A escolha do alginato e do PVA para efeitos de imobilização depende das suas vantagens de elevada resistência mecânica, baixa toxicidade para as bactérias, baixo custo e facilidade de imobilização. Além disso, a capacidade de adsorção dos grânulos de PVA aos poluentes pode ser aumentada e os microrganismos imobilizados têm maior resistência à alteração da qualidade da água e maior capacidade de decomposição de poluentes persistentes **(Zhang, 2009 e Wang, 2007)**. As vantagens mencionadas motivaram-nos a misturar ambos os polímeros em diferentes concentrações (1:1, 2:1, 1:2 v/v) com diferentes formas (pérolas e membranas) e a testar a melhor concentração que pode atingir uma maior capacidade de degradação.

A nossa conceção experimental envolveu uma experiência de rastreio através da aplicação da conceção fatorial fraccionada de Plackett-Burman para abordar os factores mais significativos que afectam a produção entre as variáveis estudadas numa única experiência, o que permite poupar tempo e manter informações convincentes sobre cada componente. Neste tipo de conceção, é muito importante testar o maior número possível de factores e identificar a importância de cada um deles. A conceção Plackett-Burman é eficaz como ferramenta para elucidar as variáveis mais importantes que afectam a resposta. É altamente recomendado quando estão a ser investigados mais de seis factores **(Abdel-Fattah e Olama, 2002)**.

Os resultados de Plackett-Burman mostraram uma grande variação de 46% a 67% da atividade de biodegradação, o que reflecte a importância da otimização do meio para atingir uma maior produtividade. No entanto, a atividade de biodegradação obtida reflecte que, após o passo de otimização do meio, foi necessário mais tempo para atingir uma maior atividade. De acordo com a análise de regressão, o valor de p ($\leq 0,05$) é responsável pela determinação da significância e não significância das variáveis testadas. Assim, os factores mais significativos que afectaram a taxa de biodegradação foram a temperatura, a mistura de polímeros e a fonte de azoto, com um valor de p de 0,052, 0,010 e 0,008, respetivamente. Enquanto que os restantes factores, nomeadamente a percentagem de óleo, o pH e o tamanho dos inóculos, não foram significativos, uma vez que o seu valor de p foi ($\geq 0,05$).

A partir do nível de confiança das variáveis, foi evidente que o extrato de levedura, o polímero e a temperatura foram as variáveis mais significativas que afectaram a taxa de biodegradação. Entre as variáveis testadas, o polímero e o extrato de levedura foram as únicas que mostraram um efeito positivo significativo elevado. Isto reflecte o papel vital do transportador de imobilização e da fonte de azoto para o crescimento e a síntese de enzimas que são necessárias para aumentar a taxa de biodegradação, o que está de acordo com as conclusões de outros **(Puri *et al.*, 2002; Joo *et al.*, 2003; Mehta *et al.*, 2006; Patel *et al.*, 2006)**; onde foi relatado que a utilização de fontes de azoto complexas como o extrato de levedura aumenta o rendimento das enzimas que melhoram a biodegradação do petróleo bruto. Por outro lado, outros afirmaram que foi observada uma taxa de biodegradação elevada na presença de outras variáveis, incluindo o tamanho do inóculo, o pH da cultura e a temperatura. Nesta experiência, a elevada concentração de petróleo mostrou um efeito adverso no processo de biodegradação. Semelhante aos nossos resultados, **Rahman *et al.*, 2002** indicaram que o consórcio bacteriano misto apresentou valores óptimos de pH 7 e temperatura de 40°C para uma degradação máxima. **Salmon *et al.*, 1997** referiram o pH 7 como a gama óptima para a degradação de hidrocarbonetos. Foi demonstrado que os valores extremos de pH têm uma influência negativa na capacidade das populações microbianas para degradar hidrocarbonetos. Temperatura influencia a biodegradação do petróleo através do seu efeito sobre a natureza física e a composição química do óleo, a taxa de metabolismo dos hidrocarbonetos pelos microrganismos e a composição da comunidade microbiana **(Atlas, 1981)**. A baixas temperaturas, a viscosidade do óleo aumenta, a volatilização dos alcanos reduz-se e a solubilidade em água diminui, atrasando e diminuindo o início da biodegradação **(Esteves e Commendator, 1997)**. Acima dessa temperatura, a degradação dos hidrocarbonetos diminui, o que pode ser atribuído à toxicidade dos hidrocarbonetos para a membrana a temperaturas elevadas **(Bossert e Bartha, 1984)**. **Banat, 1995** referiu que 30°C é a temperatura óptima para o crescimento microbiano e a degradação de HAP.

Capítulo 5

5. VERÃO

Os hidrocarbonetos de petróleo são os poluentes ambientais mais comuns no mundo e os derrames de petróleo representam um grande perigo para os ecossistemas terrestres e marinhos. A poluição por hidrocarbonetos pode surgir de forma acidental ou operacional sempre que o petróleo é produzido, transportado, armazenado e processado ou utilizado no mar ou em terra. Os derrames de petróleo constituem uma grande ameaça para o ambiente, uma vez que danificam gravemente os ecossistemas circundantes. Para melhorar a sobrevivência e a retenção dos agentes de bioremediação nos locais contaminados, as células bacterianas devem ser imobilizadas. As células imobilizadas são amplamente testadas para uma variedade de aplicações. Existem muitos tipos de suporte e técnicas de imobilização que podem ser selecionados com base no tipo de aplicação.

Foi demonstrado que as células imobilizadas são altamente eficazes e melhores, mais rápidas e podem ocorrer durante um período mais longo.

A imobilização de degradadores de hidrocarbonetos tem um elevado potencial para limpar a contaminação por petróleo e pode facilitar a biodegradação do petróleo em ambientes poluídos. Em alguns estudos, foi referido que as células imobilizadas, em comparação com as bactérias de vida livre, são mais eficazes, têm um prazo de validade mais longo, um preço de custo mais baixo e uma maior atividade de degradação do petróleo bruto em várias áreas. Além disso, as células imobilizadas aumentam a capacidade de tolerância a condições desfavoráveis.

O estudo experimental realizado revelou-se bastante bem sucedido na confirmação de que os consórcios microbianos mistos, em resultado das suas diversas actividades metabólicas, são potenciais degradadores de contaminantes de hidrocarbonetos (petróleo bruto usado) na água. Foram isolados diferentes consórcios (nove) de diferentes locais contaminados. A utilização das actividades destes micróbios em frascos de 250 ml contendo 100 ml de meio ASW com 1% de petróleo bruto para remover ou degradar contaminantes de hidrocarbonetos (petróleo) provou ser uma técnica eficiente para lidar com contaminantes de hidrocarbonetos na água. A seleção dos consórcios mais degradantes dependeu dos resultados da densidade ótica e da quantidade de óleo residual extraído após o período de incubação por métodos gravimétricos em comparação com a amostra de controlo. O consórcio 4, isolado da empresa de refinação de petróleo Ameria, tem mais capacidade de degradação do que os outros consórcios isolados. Os parâmetros - pH, temperatura, inóculo do consórcio foram demonstradas diferentes fontes de azoto, tempo de degradação, percentagem de óleo (capacidade máxima de degradação) e diferentes matrizes poliméricas (suporte).

O óleo residual é medido após cada período de incubação através de um método gravimétrico para verificar o progresso da degradação microbiana do contaminante do óleo, que provou ser um bom indicador para a investigação em .

A degradação de hidrocarbonetos (óleo) ocorreu ativamente perto de condições de pH neutro a pH = 6, temperatura elevada a 40°C, resultando em taxas de degradação mais elevadas. O extrato de levedura é a melhor fonte de azoto e 1,5 ml da concentração do consórcio é o melhor nível de tamanho de inóculo utilizado para a degradação. Três semanas é o melhor período de incubação e 1% de concentração de óleo é a melhor capacidade de degradação para este consórcio.

A imobilização deste consórcio é efectuada através da utilização de diferentes matrizes poliméricas, tais como ágar, agarose, álcool polivinílico e alginato, através do método de aprisionamento.

O alginato e o PVA são as melhores matrizes poliméricas e apresentam elevadas capacidades de degradação, pelo que foram submetidos a misturas com diferentes percentagens de modo a melhorar o processo de imobilização. As concentrações de mistura de 1:1, 1:2, e 2:1 (v/v) de 8% de PVA e 3% de solução de alginato de sódio foram preparadas em formulações de esferas e membranas. A melhor concentração foi a de alginato 2:1: PVA em forma de pérolas, que dá mais de 96% de capacidade de degradação do petróleo bruto.

O fatorial fracionário de Plackett-Burman foi concebido para determinar os factores mais significativos que afectam a produção entre as variáveis estudadas. Foram utilizadas na experiência variáveis como (temperatura, pH, tamanho do inóculo, percentagem de óleo, fonte de azoto e concentração de polímero). Os resultados indicam que o extrato de levedura, a concentração de polímero, a temperatura, o pH, a fonte de azoto, o polímero e o tamanho do inóculo foram as variáveis mais significativas que afectaram a biodegradação do petróleo bruto pelo consórcio bacteriano selecionado e mostraram um efeito positivo significativo. Neste estudo, as concentrações elevadas de petróleo mostraram um efeito adverso no consórcio selecionado. As concentrações elevadas de polímero e a fonte de azoto mostraram um efeito positivo significativo no processo de biodegradação, bem como a temperatura.

Capítulo 6

6. CONCLUSÃO

A capacidade de remoção de petróleo bruto por consórcios de microrganismos imobilizados foi investigada no presente trabalho. Sugeriu-se que o consórcio selecionado tem uma elevada capacidade de biodegradação de petróleo bruto em parâmetros óptimos que podem ser utilizados para a biorremediação de águas contaminadas com petróleo bruto. Entre todos os consórcios isolados, o consórcio 4, que foi isolado da empresa de refinação de petróleo Ameria, tem geralmente uma melhor capacidade de degradação do petróleo bruto do que os outros consórcios bacterianos. As estirpes deste consórcio mostraram uma melhor compatibilidade entre si, em comparação com outros consórcios testados, e demonstraram uma excelente degradação de várias fracções de petróleo bruto, incluindo um número de PAH recalcitrantes. Por conseguinte, este consórcio poderia ser utilizado para a descontaminação dos locais contaminados com poluentes tóxicos da água contaminada com petróleo bruto. A imobilização do consórcio selecionado tem lugar com alginato: PVA 2: 1 (v⁄v) foi o transportador ideal para a imobilização do consórcio, que deu mais capacidade de degradação do que 96% do petróleo bruto. Em conclusão, o uso de microorganismos imobilizados para a remediação de água contaminada com petróleo bruto in situ é uma tecnologia promissora.

Capítulo 7

7. RECOMENDAÇÕES

São propostas as seguintes recomendações para apreciação:

- Recomenda-se a investigação das capacidades de biodegradação dos isolados bacterianos individuais isolados e identificados em diferentes componentes de hidrocarbonetos petrolíferos para compreender o mecanismo de biodegradação deste consórcio bacteriano.

- A utilização de um consórcio bacteriano misto selecionado em condições optimizadas será uma tecnologia eficaz e ecológica para a degradação de hidrocarbonetos do petróleo bruto.

- A utilização de microrganismos imobilizados para a remediação in situ de solos e ambientes marinhos contaminados com crude é uma tecnologia promissora

- Ensaio do consórcio microbiano imobilizado em bioreactores contínuos através da conceção de novos processos para a bioremediação ex-situ.

- Poderá ser efectuada mais investigação para comparar o desempenho ou a eficiência de micróbios individuais/misturados e livres/imobilizados em processos de bioremediação do solo.

- A aplicação desta tecnologia na degradação de recursos hídricos contaminados com pesticidas também pode ser analisada.

REFERÊNCIAS

Abdel Fattah YR, Amer RA, El-Gendy NS, Taha T, Farag S. Biodegradação de petróleo bruto e sua cinética usando consórcio bacteriano indígena isolado de área contaminada no ecossistema mediterrâneo egípcio. Jokull Journal 2014; 64: 4.

Abdel-Fattah YR, Olama ZA. Produção de L-asparaginase por *Pseudomonas aeruginosa* em cultura em estado sólido - avaliação e otimização das condições de cultura utilizando desenhos factoriais. Process Biochemistry 2002; 38: 115-22.

Amer RA, Mapelli F, El Gendi HM, Barbato M, Goda DA, Corsini A, et al. Diversidade bacteriana e potencial de biorremediação dos sedimentos marinhos altamente contaminados no distrito de El-Max (Egito, Mar Mediterrâneo). Biomed Res Int 2015; 2015: 981829.

Abd-El-Haleem D, Beshay U, Abdelhamid A, Moawad H, Zaki S. Efeitos de fontes mistas de azoto na biodegradação de fenol por Acinetobacter sp. imobilizada, estirpe W-17. Afr J Biotechnol 2003; 2: 8-12.

Abdul Rahman RN, Ghazali FM, Salleh A, Basri M. Biodegradação de hidrocarbonetos no solo por consórcio microbiano. International Biodeterioration & Biodegradation 2004; 54: 61-7.

Abramson D, Redlener I, StehlingAriza T, Sury J, Banister A, Park Y. Impact on children and families of the deepwater horizon oil spill: preliminary findings of the coastal population impact study. Centro Nacional de Preparação para Desastres 2010. Disponível em: https://academiccommons.columbia.edu/catalog/ac:128195

Adinarayana K, Jyothi B, Ellaiah P. Produção de protease alcalina com células imobilizadas de Bacillus subtilis PE-11 em várias matrizes através da técnica de aprisionamento. APPS Pharm Sci Tech 2005; 6: 391-7.

Aggarwal PK, Means JL, Hinchee RE, Headington GL, Gavaskar AR. Methods to select chemicals for in-situ biodegradation of fuel hydrocarbons (Métodos de seleção de produtos químicos para biodegradação in-situ de hidrocarbonetos combustíveis). Florida: Tyndall AFB, Centro de Engenharia e Serviços da Força Aérea; 1990.

Al-Drees A, Rasheed S, Meo I, Al-Saadi M, Ghani H, et al. Queixas de saúde entre os indivíduos envolvidos em operações de limpeza de óleo durante o derramamento de óleo de um petroleiro grego "Tasman Spirit. "Int J Occup Med Environ Health 2009; 22(2):143-8.

Alexander M. Biodegradation and Bioremediation (Biodegradação e Biorremediação). 2nd ed. San, Diego: Academic Press;1999.

Amer RA, Abdel Fattah YR. Bactérias marinhas hidrocarbonoclásticas no Mar Mediterrâneo, El-Max, Egito: isolamento, identificação e caraterização do local. Jokull Journal 2014; 64(4): 223-49.

Andreoni V, Gianfreda L. Bioremediação e monitorização de habitats poluídos por aromáticos. Appl Microbiol Biotechnol 2007; 76: 287-308.

Argin-Soysal S, Kofinas P, Lo YM. Efeito das caraterísticas da superfície e dos polímeros de xantana na imobilização de Xanthomonascampestris em matrizes fibrosas. J Food Sci 2004; 69: 441-8.

Atlas RM. Degradação microbiana de hidrocarbonetos de petróleo: uma perspetiva ambiental. Microbiol Rev 1981; 45: 180-209.

Swamy BY, Prasad CV, Reddy CN, Sudhakara P, Chung I, Subha MS, et al. Preparação de microesferas de mistura de alginato de sódio/Poli(álcool vinílico) para aplicações de libertação controlada. J Appl Polym Sci 2010; 10: 1002-36243.

Bandele OJ, Santillo MF, Ferguson M, Wiesenfeld PL. Rastreio da toxicidade in vitro de misturas químicas utilizando células HepG2/C3A. Food Chem Toxicol 2012; 50(5): 1653-9.

Bao MT, Wang LN, Sun PY, Cao LX, Zou J, Li YM. Biodegradação de petróleo bruto utilizando um consórcio microbiano eficiente num ambiente marinho simulado. Mar Pollut Bull 2012; 64: 1177-85.

Bento FM, Camargo FA, Okeke BC, Frankenberger WT. Biorremediação comparativa de solos contaminados com óleo diesel por atenuação natural, bioestimulação e bioaumentação. Bioresour Technol 2005; 96: 1049-55.

Beshay U, Abd-El-Haleem D, Moawad H, Zaki S. Phenol biodegradation by free and immobilized acinetobacter. Biotechnol Lett 2002; 24: 1295-7.

Bhupathiraju VK, Krauter P, Holman HY, Conrad ME, Daley PF, Templeto AS, et al. Assessment of in-situ bioremediation at a refinery waste contaminated site and an aviation gasoline contaminated site. Biodegradation 2002; 13: 79-90.

Bickerstaff GF Jr. Imobilização de enzimas e células. Métodos em Biotecnologia. New Jersey: Humana Press; 1997.

Bundy JG, Paton GI, Campbell CD. As comunidades microbianas em diferentes tipos de solo não convergem após a contaminação por gasóleo. J Appl Microbiol 2004; 92: 276-88.

Salmon C, Crabos JL, Sambuco JP, Bessiere JM, Basseres A, Caumette P, et al. Desempenho das zonas húmidas artificiais na eficiência de purificação de águas residuais de hidrocarbonetos. Water Air Soil Pollut 1997; 104; 313-29.

Caldwell ME, Tanner RS, Sufita JM. Metabolismo microbiano do benzeno e oxidação do ferro ferroso em condições anaeróbias: implicações para a bioremediação. Anaerobe 1999; 5: 595-603.

Carpentier B, Cerf O. Biofilms and their consequences, with particular reference to hygiene in the food industry. J Appl Bacteriol 1993; 75: 499-511.

Carrasco JM, Lope V, Perez-Gomez B, Aragones N, Suarez B, Lopez-Abente G, et al. Associação entre informação sobre saúde, utilização de dispositivos de proteção e ocorrência de problemas de saúde agudos na limpeza do derrame de petróleo Prestige nas Astúrias e Cantábria (Espanha): um estudo transversal. BMC Saúde Pública 2006; 6: 1.

Cheong HK, Ha M, Lee JS, Kwon H, Ha EH, Hong YC, et al. Exposição ao derrame de petróleo do espírito de Hebei e sintomas subjectivos em residentes que participam em actividades de limpeza. Environ Health Toxicol 2011; 26: e2011007.

Chibata I, Tosa T, Sato T, Mori T, Matuo Y. Preparação e aplicação industrial de aminoacilase imobilizada. Proc Int Ferment Tec Symp 4th Ferment Teehnol Today 1972; 383-9.

Cocquempot MF, Thomasset B, Barbotin JN. Estabilização comparativa de fotossistemas biológicos por vários procedimentos de imobilização. Eur J Appl Microbiol Biotechnol 1981; 11: 193-8.

Collin PH. Dicionário de Ecologia e Ambiente. 4th ed. London: Peter Collin Publishing; 2001.

Curtis F, Lammey J. Remediação intrínseca de uma pluma de gasóleo em Goose Bay, Labrador, Canadá. Environmental Pollution 1998; 103: 203-10.

Daffonchio D, Mapelli F, Cherif A, Malkawi HI, Yakimov MM, Abdel-Fattah YR, et al. ULIXES, Unravelling and exploiting Mediterranean Sea microbial diversity and ecology for xenobiotics' and pollutants' clean up. Rev Environ Sci Biotechnol 2012; 11: 207.

D'Andrea MA, Reddy GK. Consequências para a saúde entre os indivíduos envolvidos nas actividades de limpeza do derrame de petróleo do Golfo. Am J Med 2013;126(11):9.

Das M, Adholeya A. Potential Uses of Immobilized Bacteria, Fungi, Algae, and Their Aggregates for Treatment of Organic and Inorganic Pollutants in Wastewater. Water Challenges and

Solutions on a Global Scale 2015; 15: 319-37.

Das, N. e Chandran, P. (2011). Degradação microbiana de contaminantes de hidrocarbonetos de petróleo: Uma visão geral Biotechnology Research International, 2011: 1-14.

Davis JS, Westlake DWS. Utilização de petróleo bruto por fungos. Can J Microbiol 1978; 25: 14656.

De Roubin MR, Cailas MD, Shen SH, Groleau D. Alguns factores que influenciam a proporção do antigénio pré-S2 periplasmático do vírus da hepatite B na levedura recombinante *Hansenulapolymorpha*. J Ind Microbiol 1992; 9(1):69-72.

Deppe U, Richnow HH, Michaelis W, Antranikian G. Degradação de petróleo bruto por um consórcio microbiano do Ártico. Extremophiles 2005; 9(6): 461-70.

Dias JT, Rezende RP, Linardi VR. Biodegradação de acetonitrila por células de Candida guilliermondii ufmg-y65 imobilizadas em alginato, k-carragenina e pectina cítrica. Braz J Microbol 2000; 31: 61-6.

Diaz MP, Boyd KG, Grigson SJ, Burgess JG. Biodegradação de petróleo bruto numa vasta gama de salinidades por um consórcio bacteriano extremamente halotolerante MPD-M, imobilizado em fibras de polipropileno. Biotechnol Bioeng 2002; 79(2):145-53.

Diplock EE, Mardlin DP, Killham KS, Paton GI. Previsão da bioremediação de hidrocarbonetos: Laboratory to field scale. Environ Pollut 2009; 157(6):1831-40.

Durant ND, Jonkers CA, Bouwer EJ. Variabilidade espacial na resposta da mineralização do naftaleno às alterações de oxigénio, nitrato e ortofosfato nos sedimentos do aquífero MGP. Biodegradação 1997; 8: 77-86.

Dyer M, Heiningen EV, Gerritse J. Um ensaio de campo para a bioremediação in-situ de 1,2-DCA. Eng Geol 2003; 70: 315-20.

ElMekawy A, Shetaia YM, El khalik WA, Mohamed TM, Farahat LA. Potencial biodegradação do petróleo bruto por estirpes microbianas halotolerantes recentemente isoladas da área poluída do Mar Vermelho. Mar Pollut Bull 2016; 111: 435-42.

Li F, Lu XW. Estudo sobre o álcool polivinílico (PVA) como agente de aprisionamento para a imobilização de células microbianas. China Water and Wastewater 2000; 16: 14-7.

Tang FW, Fan H. Investigação da tecnologia de microrganismos imobilizados para o tratamento de águas residuais urbanas. Proteção Ambiental e Tecnologia 2009; 15: 20-5.

Fahmy MA, Tayel FR, Shriadah MA. Variações espaciais e sazonais de metais vestigiais dissolvidos em duas bacias contaminadas do Mar Mediterrâneo costeiro. Alexandria, Egito. Boletim. Faculdade de Ciências. Universidade de Alexandria 1997; 37: 187-98.

Farhadian M, Vachelard C, Duchez D, Larroche C. Bioremediação in situ de poluentes monoaromáticos em águas subterrâneas: A review. Bioresour Technol 2008; 99: 5296-08.

Frutos FJ, Përez R, Escolano O, Rubio A, Gimeno A, Fernandez MD, et al. Ensaios de remediação de lamas contaminadas com hidrocarbonetos provenientes de um processo de lavagem de solos: Avaliação de tecnologias de biorremediação. J Hazard Mater 2012; 200: 262-71.

Wu GQ, Wang LP. Application of Microorganism immobilization Technology to Wastewater Treatment (Aplicação da tecnologia de imobilização de microrganismos ao tratamento de águas residuais). Pollution Control Technology 2003; 16: 81-8.

Gentili AR, Cubitto MA, Ferrero M, Rodriguez MS. Biorremediação de água do mar poluída com petróleo bruto por uma estirpe bacteriana degradadora de hidrocarbonetos imobilizada em flocos de quitina e quitosana. Int Biodeterior Biodegrad 2006; 57: 222-8.

Ghazali FM, Abdulrahman RN, Salleh AB, Basri M. Biodegradação de hidrocarbonetos no solo por consórcio microbiano. Int Biodeter Biodegrad 2007; 54: 61-7.

Gibson TL, Abdul AS, Chalmer PD. Melhoria da bioremediação in situ de águas subterrâneas contaminadas com BTEX por difusão de oxigénio a partir de tubos de silicone. Ground Water Monit Rem 1998; 18: 93-104.

Grattan LM, Roberts S, Mahan WT, McLaughlin PK, Otwell WS, Morris JG. Os primeiros impactos psicológicos do derrame de petróleo da Deepwater Horizon nas comunidades da Florida e do Alabama. Environ Health Perspect 2011; 119(6): 838-43.

Groboillot A, Boadi DK, Poncelet D, Neufeld RJ. Imobilização de células para aplicação na indústria alimentar. Crit Rev Biotechnol 1994; 14: 75-107.

Guerin TF. Long-term performance of a land treatment facility for the bioremediation of nonvolatile oily wastes. Reserve Conservation Recycling 2000; 28: 105-20.

Gwack J, Lee JH, Kang YA, Chang KJ, Lee MS, Hong JY. Efeitos agudos na saúde do pessoal militar que participou na limpeza do derrame de petróleo do Hebei Spirit, 2007, em Taeancounty, Coreia. Osong Public Heal Res Respect 2012; 3(4):206-12.

Ha M, Jeong WC, Lim M, Kwon H, Choi Y, Yoo SJ, et al. Saúde mental das crianças na área afetada pelo acidente de derrame de petróleo do espírito hebei. Environ Health Toxicol 2013; 28:

e2013010.

Ha M, Kwon H, Cheong HK, Lim S, Yoo SJ, Kim EJ, et al. Metabolitos urinários antes e depois da limpeza e sintomas subjectivos em participantes voluntários na limpeza do derrame de petróleo do Hebei Spirit. Sci Total Environ 2012; 429:167-73.

Hamzah, A., A. Tavakoli, e A. Rabu. 2011. Deteção da degradação do tolueno em bactérias isoladas de solos contaminados com petróleo. Sains Malays 40:1231-1235.

Hamzah, A., Phan, C., Abu Bakar, N. e Wong, K. (2013). Biodegradação de petróleo bruto por consórcios bacterianos construídos e as bactérias individuais constituintes isoladas da Malásia. Bioremediation Journal, 17(1):1-10.

Hassanshahian M, Emtiazi G, Cappello S. Isolamento e caraterização de bactérias degradadoras de crude do Golfo Pérsico e do Mar Cáspio. Mar Pollut Bull 2012b; 64: 7-12.

Hesnawi R, Adbeib MM. Efeito da fonte de nutrientes na biodegradação indígena do solo contaminado com gasóleo. APCBEE Procedia 2013; 5: 557-61.

Hua S, Ma H, Li X, Yang H, Wang A. Pérolas de hidrogel de alginato de sódio/poli(álcool vinílico) sensíveis ao pH preparadas por ciclos combinados de reticulação de Ca2+ e de congelação-descongelação para libertação controlada de diclofenac sódico. Int J Biol Macromol 2010; 46(5):517-23.

Hunkeler D, Hohener P, Zeyer J. Engenharia e subsequente bioremediação intrínseca in situ de um aquífero contaminado com gasóleo. J Contam Hydrol 2002; 59: 231-45.

Bossert ID, Bartha R. The fate of petroleum in soil ecosystems (O destino do petróleo nos ecossistemas do solo). In: Atlas RM, ed. Petroleum Microbiology. New York: Macmillan Publishing Company; 1984. P. 435-474.

Banat IM. Produção e utilização de biossurfactantes na recuperação microbiana melhorada de petróleo e na remediação da poluição: A Review. Bioresour Technol 1995; 51; 1-12.

Jack TR, Zajic JE. A imobilização de células inteiras. Adv Biochem Eng Biotechnol 1977; 5: 125-45.

Joo HS, Kumar CG, Park GC, Paik SR, Chang CS. Protease alcalina oxidante e estável em SDS de *Bacillus clausii* I-52: produção e algumas propriedades. J Appl Microbiol 2003; 95: 267-72.

Jorgensen KS, Puustinen J, Suortti AM. Biorremediação de solos contaminados com hidrocarbonetos de petróleo por compostagem em biopilhas. Environ Pollut1995; 107: 24554.

Rahman KS, Rahman JT, Lakshmanaperumalsamy P, Banat IM. Towards efficient crude oil degradation by a mixed bacterial consortium, Bioresour Technol 2002; 85: 257-61.

Rahman KS, Vasudevan N, Lakshmanaperumalsamy P. Melhoria da produção de biossurfactantes para emulsionar diferentes hidrocarbonetos. J Environ Pollut 1999; 6: 87 - 93.

Kampbell, Don H, Wiedemeier TH, Hansen JE. Biorremediação intrínseca de contaminação de combustível em águas subterrâneas num local de campo. J Hazard Mater 1996; 49: 197-204.

Kao CM, Prosser J. Avaliação da taxa de atenuação natural num local de derrame de gasolina. J Hazard Mater 2001; 82(3):275-89.

Kermanshahi AP, Karamanev D, Margaritis A. Biodegradação de hidrocarbonetos de petróleo num biorreactor airlift de células imobilizadas. Water Res 2005; 39: 3704 - 14.

Kierek-Pearson K, Karatan E. Desenvolvimento de biofilme em bactérias. Adv Appl Microbiol 2005; 57: 79-111.

King B, Gibbons J. Avaliação do risco para a saúde dos trabalhadores da resposta à crise da Deepwater Horizon (HETA 2010-0115 & 2010-0129-3138). Springfield, Virgínia; 2011. P.

Klecka GM, Carpenter CL, Gonsior SJ. Biological transformations of 1,2-dichloroethane in subsurface soils and groundwater. J Contam Hydrol 1998; 34: 139-54.

Konsula Z, Liakopoulou-Kyriakides M. Hydrolysis of starches by the action of the a- amylase from Bacillus subtilis. Process Biochem 2004; 39: 1745-9.

Kulkarni AR, Soppimath KS, Aminabhavi TM. Libertação controlada de diclofenac de sódio a partir de pérolas de alginato de sódio reticuladas com glutaraldeído. Pharam Ata Helv 1999; 74 (1): 29-36.

Kulkarni RV, Sreedhar V, Mutalik S, Setty CM e Sa B. Membranas de hidrogel de rede interpenetrante de alginato de sódio e poli(álcool vinílico) para libertação controlada de cloridrato de prazosina através da pele. Int J Biol Macromol 2010; 47: 520-7.

Liu L. Técnicas de microorganismos imobilizados e suas aplicações no tratamento de águas residuais. Ciência e Tecnologia de Gansu 2004; 20: 35-6.

Wang LN. Adsorção de Levedura Imobilizada por Alginato de Sódio - Método de Envolvimento de Gelatina-PVA em Pb2+. Jornal da Universidade de Ciência e Tecnologia de Changchun

(Edição de Ciências Naturais) 2007; 30; 80-3.

Reddy LN, Yerriswami B, Prasad V, Subha MS, Rao CK. Libertação controlada de maleato de clorfeniramina através de pérolas IPN de alginato de sódio-g-metilmetacrilato. J Appl Polym Sci 2010;118:2342-9.

Landmeyer JE, Bradley PM. Effect of hydrologic and geochemical conditions on oxygen- enhanced bioremediation in a gasoline contaminated aquifer. Biorem J 2003; 7: 165-77.

Leahy JG, Colwell RR. Microbial degradation of hydrocarbons in the environment (Degradação microbiana de hidrocarbonetos no ambiente). Microbiol Rev 1990; 54: 3.

Leon R, Fernandes P, Pinheiro HM, Cabral JS. Biocatálise de células inteiras em meios orgânicos. Enzyme Microb Tech 1998; 23: 483-500.

Liang Y, Zhang X, Dai D, Li G. Biocarrier poroso melhorou a biodegradação do solo contaminado com petróleo bruto. Int Biodeterior Biodegrad 2009; 63: 80-7.

Lin TC, Pan PT, Cheng SS. Biorremediação ex situ de solos contaminados com petróleo. J Hazard Mater 2010; 176: 27-34.

Liu PG, Whang L, Yang M, Cheng S. Biodegradação de solos contaminados com gasóleo: Um estudo de coluna de solo. J Chin Inst Chem Eng 2008; 39: 419-28.

Lopez A, Lazaro N, Marques AM. A técnica da interfase: um método simples de imobilização celular em gel-beads. J Microbiol Methods 1997; 30: 231-4.

Lyautey E, Lacoste B, Ten-Hage L, Rols J, Garabetian F. Análise da diversidade bacteriana em biofilmes fluviais utilizando 16S rDNA PCR-DGGE: definições metodológicas e interpretação de impressões digitais. Water Research 2005; 39: 380-388.

MacNaughton SJ, Stephen JR, Venosa AD, Davis GA, Chang YJ, White DC. Microbial population changes during bioremediation of an experimental oil spill. Appl Environ Microbiol 1999; 65: 3566-74.

Mamo G, Gessesse A. Thermostable amylase production by immobilized Bacillus sp. Biotechnol Tech 1997; 11: 447-450.

Margesin R, Schinner F. Biodegradation and bioremediation of hydrocarbons in extreme environments (Biodegradação e biorremediação de hidrocarbonetos em ambientes extremos). Appl Microbiol Biotechnol 2001; 56: 650-63.

Margesin, R., A. Zimmerbauer, e F. Schinner. 2000. Monitorização da bioremediação por actividades biológicas do solo. Chemosphere 40:339-346.

Margottini L. Gulf drilling disaster triggers scrutiny of Mediterranean oil Rush. Science 2011; 333: 285.

Megharaj M, Ramakrishnan B, Venkateswarlu K, Sethunathan N, Naidu R. Bioremediation approaches for organic pollutants: Uma perspetiva crítica. Environ Int 2011; 37: 1362-75.

Mehta VJ, Thumar JT, Singh SP. Produção de protease alcalina a partir de um alcalifilicactinomiceto. Bioresour Technol 2006; 97: 1650-4.

Meredith W, Kelland S, Jones D. Influence of biodegradation on crude oil acidity and carboxylic acid composition (Influência da biodegradação na acidez do petróleo bruto e na composição dos ácidos carboxílicos). Org Geochem 2000; 31(11): 1059 -73.

Morita A, Kusaka Y, Deguchi Y, Moriuchi A, Nakanaga Y, Iki M, et al. Acute health problems among the people engaged in the cleanup of the Nakhodka oil spill. Environ Res 1999; 81(3):185-94.

Morris JG, Grattan LM, Mayer BM, Blackburn JK. Respostas psicológicas e resiliência de pessoas e comunidades afectadas pelo derrame de petróleo no horizonte de águas profundas. Trans Am Clin Climatol Assoc 2013; 124:191-201.

Mrudula S, Shyam N. Imobilização de Bacillus megaterium MTCC 2444 pelo método de aprisionamento de Ca-alginato para aumentar a produção de protease alcalina. Braz Arch Biol Technol 2012; 55:135-44 .

Na JU, Sim MS, Jo IJ, Song HG. The duration of acute health problems in people involved with the cleanup operation of the Hebei Spirit oil spill. Mar Pollut Bull 2012; 64(6):1246-51.

Nunal SN, Santander DE, Leon SM. Biorremediação de água do mar e sedimentos contaminados com petróleo por um consórcio de bactérias degradadoras de petróleo. Biocontrol Sci 2014; 19(1): 11-22.

Obayori OS, Adebusoye SA, Adewale AO, Oyetibo GO, Oluyemi OO, Amokun RA, et al. Degradação diferencial de petróleo bruto (Bonny Light) por quatro estirpes de pseudomonas. J Environ Sci 2009; 21: 243-8.

Obuekwe CO, Al-Muttawa M. Culturas bacterianas auto-imobilizadas com potencial para aplicação como sementes prontas a usar para bioremediação de petróleo. Biotechnol Lett 2001; 23: 1025-32.

Oh YS, Maeng J, Kim SJ. Utilização de espumas de poliuretano imobilizadas por microrganismos para absorver e degradar o óleo na superfície da água. Appl Microbiol Biotechnol 2000; 54: 418-23.

Ohta T, Ogbonna JC, Tanaka H, et al. Desenvolvimento de um método de fermentação utilizando células imobilizadas em condições não estéreis. 2. Produção de etanol e ácido L-lático sem esterilização por calor e filtro. Appl Microbiol Biotech 1994; 42: 246-60.

Okerentugba PO, Ezeronye OU. Potenciais de degradação do petróleo de culturas microbianas isoladas e mistas de rios e efluentes de refinarias na Nigéria. AJB 2003; 2: 288-92.

Olama Z, Maliji D, Holail H. Estudos ambientais sobre a degradação microbiana de hidrocarbonetos de petróleo e sua aplicação no ecossistema costeiro e marinho libanês poluído por petróleo. Int J Curr Microbiol App Sci 2013; 2: 1-18.

Olivera NL, Esteves J, Commendatore MG. Biodegradação de alcanos por uma comunidade microbiana de sedimentos contaminados na Patagónia, Argentina. Int Biodeterior Biodegrad 1997; 40: 75-9.

Omar SH, Rehm HJ. Degradação de n-alcanos por Candida parapsilosis e Penicilliumfrequentans imobilizados em argila granular e areia de aquífero. Appl Microbiol Biotechnol 1988; 28(1): 103-8.

Osofsky HJ, Osofsky JD, Hansel TC. Deepwater horizon oil spill: mental health effects on residents in heavily affected areas (Derrame de petróleo no horizonte de águas profundas: efeitos na saúde mental dos residentes em áreas fortemente afectadas). Disaster Med Public Health Prep 2011; 5(4):280-6.

Park JK, Chang HN. Microencapsulamento de células microbianas. Biotechnol Adv 2000; 18: 303-19.

Patel RK, Dodia MS, Joshi RH, Singh SP. Produção de protease halo-alcalina extracelular a partir de um Bacillus sp. *haloalcalifílico* recentemente isolado da água do mar na Índia Ocidental. World J Microbiol Biotechnol 2006; 22:375-82.

Paton GI, Killham K, Weitz HJ, Semple KT. Ferramentas biológicas para a avaliação de terrenos contaminados. Appl Soil Ecotoxicol 2005; 21: 487-99.

Perez-Cadahia B, Lafuente A, Cabaleiro T, Pasaro E, Mendez J, Laffon B. Estudo inicial sobre os efeitos do óleo Prestige na saúde humana. Environ Int 2007; 33(2):176-85.

Plackett RL, Burman JP. The design of optimum multi-fatorial experiments. Biometrika 1946; 33: 305-25.

Prescott LM, Harley JP, Klein DE. Microbiology. 5th ed. McGraw Hill Inc.: Nova Iorque; 2002. P. 20-38, 96-132, 1012-1018.

Prince RC. Bioremediação de derrames de petróleo no mar. Trends Biotechnol 1997; 15(5): 158-60.

Puri S, Beg QK, Gupta R. Otimização da produção de protease alcalina de *Bacillussp* através da metodologia de superfície de resposta. Curr Microbiol 2002; 44: 286-90.

Zhang Q. Alginato de sódio com bactérias do ácido lático e análise da atividade. Shanxi Journal of Agricultural Sciences 2009; 2: 23-25.

Quek E, Ting YP, Tan HM. Rhodococcus sp. F92 imobilizado em espuma de poliuretano mostra capacidade para degradar vários produtos petrolíferos. Bioresour Technol 2006; 97(1): 32-8.

Atlas RM. Degradação microbiana de hidrocarbonetos de petróleo, uma perspetiva ambiental. Microbiol Rev 1981; 45: 180-209.

Radwan SS, Al-Hasan RH, Salamah S, Al-Dabbous S. Bioremediação de água do mar oleosa por bactérias imobilizadas em biofilmes que revestem microalgas. Int Biodet Biodeg 2002; 50: 55-9.

Rahman RNZ, Ghazali FM, Salleh A, Basri M. Biodegradação da contaminação por hidrocarbonetos através de células bacterianas imobilizadas. J Microbiol 2006; 4: 354-9.

Rahman M, Rahman T, Kourkoutas Y, Petsas I, Marchantand R, Banat M. Enhanced bioremediation of n-alkane in petroleum sludge using bacterial consortium amended with rhamnolipids and micronutrients. Bioresour Technol 2002; 81:2532.

Rahman K, Rahman J, Lakshmanaperumalsamy P, Banat I. Towards Efficient Crude Oil Degradation by a Mixed Bacterial Consortium. Bioresour Technol 2002; 85: 257 - 61.

Rahman, K. S. M., J. Thahira-Rahman, P. Lakshmanaperumalsamy e I. M. Banat. 2002. Towards efficient crude oil degradation by a mixed bacterial consortium (Para uma degradação eficiente do petróleo bruto por um consórcio bacteriano misto). Bioresour. Technol. 85:257-261.

Rahman RN, Ghaza FM, Salleh AB, Basri M. Biodegradação da contaminação por hidrocarbonetos através de células bacterianas imobilizadas. J Microbiol 2006; 44(3):354-9.

Reinhard M, Hopkins GD, Steinle-Darling E, LeBron CA. Biotransformação in situ de compostos

BTEX em condições metanogénicas. Ground Water Monitor Removal 2005; 25: 50-9.

Rhykerd RL, Crews B, Mclnnesc KJ, Weaver RW. Impacto de agentes de volume, aeração forçada e lavoura na remediação de solo contaminado com óleo. Bioresour Technol 1999; 67: 279-85.

Rizzo A, Santos R, Soriano A, da Cunha C, Rosado A, Sobral L, et al. Remediação de solos contaminados com petróleo num novo bioreactor de fase sólida. J Chem Technol Biotechnol **2010; 85**: 1260.

Roling WF, van Verseveld HW. Atenuação natural: o que é que a subsuperfície tem reservado? Biodegradação 2002; 13: 53-64.

Sajna KV, Sukumaran RK, Gottumukkala LD, Pandey A. Biodegradação de petróleo bruto auxiliada por biossurfactantes de Pseudozyma sp. NII 08165 ou seu caldo de cultura. Bioresource Technol 2015; 191: 133-9.

San Martin Y. Biorremediação: uma ferramenta para a gestão da poluição por hidrocarbonetos nos ecossistemas marinhos. Biotecnol Aplicada V 2011; 28 : 69-76.

Sanli O, Isiklan NA. Caraterísticas de libertação do diclofenac sódico de pérolas de mistura de poli (álcool vinílico)/alginato de sódio e poli (álcool vinílico)-enxertado-poli (acrilamida)/alginato de sódio. Eur J Pharm Bio Pharm 2007, 65, 204.

Sathishkumar M, Binupriya AR, Baik SH, Yun SE. Biodegradação de petróleo bruto por estirpes bacterianas individuais e um consórcio bacteriano misto isolado de áreas contaminadas por hidrocarbonetos. Clean Soil, Air, Water 2008; 36: 92-6.

Schreiber ME, Bahr JM. Biorremediação reforçada com nitratos de águas subterrâneas contaminadas com BTEX: estimativa de parâmetros a partir de experiências de traçadores de gradiente natural. Journal of Contamination & Hydrology 2002; 55: 29-56.

Schulze S, Tiehm A. Assessment of microbial natural attenuation in groundwater polluted with gasworks residues. Water Sci Technol 2004; 50: 347-53.

Schwartz E, Scow KM. Inoculação repetida como estratégia para a remediação de baixas concentrações de fenantreno no solo. Biodegradação 2001; 3: 201-07.

Shabir, G., M. Afzal, F. Anwar, R. Tahseen, e Z. M. Khalid. 2007. Biodegradação de querosene no solo por uma cultura bacteriana mista em diferentes condições de nutrientes. Int. Biodeter. Biodegrad. 61:161-166.

Shi Y, Roy-Engel AM, Wang H. Efeitos dos dispersantes COREXIT nos parâmetros de citotoxicidade numa cultura de células das vias respiratórias brônquicas humanas, BEAS-2B. J Toxicol Environ Health A 2013; 76(13):827-35.

Shin, K., Kim, J. e Kim, K. (2008). Efeito da adição de biossurfactante na biodegradação do fenantreno no sistema solo-água. Environ Eng Res. 13: 8-13.

Shriadah MA, Emara HI. Heavymetals (iron, manganese, nickel, cadmium, and lead) in the sediments from the Eastern Harbor and El-Mex Bay of Alexandria, 6th International Conference on Environmental Protection, Alexandria, Egito; 1996

Sim M, Jo I, Song H. Problemas de saúde agudos relacionados com a operação montada para limpar o derrame de petróleo do Hebei Spirit em Taean, Coreia. Mar Pollut Bull 2010; 60(1):51-7.

Si-Zhong Y, Hui-Jun J, Zhi W, Rui-Xia H, Yan-Jun J, Xiu-Mei L, et al. Bioremediação de derrames de petróleo em ambientes frios: A Review. Pedosphere 2009; 3: 371-81.

Slovic P. Perception of Risk. Science 1987; 236(4799):280-5 .

Souza EC, Vessoni-Penna TC, Oliveira R.P. Biorremediação de hidrocarbonetos com biossurfactante: uma visão geral. Int Biodeterior Biodegrad 2014; 89: 88-94.

Stolarzewicz I, Bialecka-Florjanczyk E, Majewska E, Krzyczkowska J. Imobilização de leveduras em suportes poliméricos. Chem Biochem Eng 2011; 25:135-44.

Stow RA, Mayer RP. Efficient screening of process variables. Ind Eng Chem 1966; 58: 3640.

Strobel RJ, Sullivan GR. Conceção experimental para a melhoria das fermentações. In: Demain AL, Davies JE, eds. Manual of industrial microbiology and biotechnology. Washington: ASM Press; 1999. P. 80-93.

Suarez B, Lope V, Perez-Gomez B, Aragones N, Rodriguez-Artalejo F, Marques F, et al. Problemas de saúde agudos entre os indivíduos envolvidos na operação de limpeza após o derrame de petróleo Prestige nas Astúrias e Cantábria (Espanha). Environ Res 2005; 99(3):413-24.

Sublette K, Peacock A, White D, Davis G, Ogles D, Cook D, et al. Monitorização da ecologia microbiana de subsuperfície num aquífero contaminado com gasolina e alterado com sulfato. Ground Water Monit Rem 2006; 26: 70-8.

Tao X, Lu G, Liu J, Li T, Yang L. Degradação rápida de fenantreno utilizando Sphingomonas sp. GY2B imobilizada em esferas de gel de alginato de cálcio. Int J Environ Res Public Health 2009; 6(9):2470-80.

Taha TH, Alamri SA, Mahdy HM, Hafez EE. Os efeitos de várias matrizes de imobilização na produção de biossurfactantes usando bactérias marinhas degradadoras de hidrocarbonetos (HC) através da técnica de aprisionamento. Journal of Biological Sciences 2013; 13(2): 48-57.

Thavasi R, Jayalakshmi S, Balasubramanian T, Banat IM. Efeito da salinidade, temperatura, pH e concentração de petróleo bruto na biodegradação de petróleo bruto por *pseudomonas aeruginosa*. J Biol Environ Sci 2007; 1: 51-7.

Trelles JA, Rivero CW. Técnicas de aprisionamento de células inteiras. Methods Mol Biol 2013; 1051: 365-74.

Agência de Proteção Ambiental dos Estados Unidos (USEPA), Recycling Used Oil: What Can You Do? (1996), Serviços de Extensão da Cooperação ENRI-317: 1-2.

Agência de Proteção Ambiental dos Estados Unidos (USEPA). Bioventing (2006).

Van Hamme JD, Singh A, Ward OP. Avanços recentes na microbiologia do petróleo. Microbiol Mol Biol Rev 2003; 67(4): 503-49.

Varjani SJ, Rana DP, Jain AK, Bateja S, Upasani VN. Synergistic ex - situbiodegradation of crude oil by halotolerant bacterial consortium of indigenousstrains isolated from on shore sites of Gujarat, India. Int Biodeterior Biodegrad 2015; 103: 11624.

Varjani SJ, Upasani VN. Utilização do espetro de carbono por uma cepa indígena de Pseudomonas aeruginosa NCIM 5514: produção, caraterização e propriedades ativas de superfície do biossurfactante. Bioresour Technol 2016b; 221, 510-6.

Venosa, A. D. e Holder, E.L. (2007).Biodegradabilidade do petróleo bruto disperso a duas temperaturas diferentes Marine Pollution Bulletin 54: 545-553.

Verma M, Brar SK, Blais JF, Taygi RD, Surampalli RY. Processos de biofiltração aeróbia-avanços no tratamento de águas residuais. Pract Period Hazard Toxic Ra- dioact Waste Manage 2006; 10: 264-76.

Vogt C, GoaNdeke S, Treutler HC, Wei H, Schirmer M, Richnow HH. Oxidação de benzeno em condições de redução de sulfato em colunas que simulam condições in situ. Biodegradação 2007; 18: 625-36.

Wang, H., R. Xu, F. Li, J. Qiao e B. Zhang. 2010. Degradação eficiente de óleo lubrificante por um consórcio bacteriano misto. J. Environ. Sci. 22:381-388.

Wang Q, Zhang S, Li Y, Klassen W. Potenciais abordagens para melhorar a biodegradação de hidrocarbonetos para biorremediação da poluição por petróleo bruto. environ. Protection J 2011; 2: 47-55.

Weiner JM, Lauck TS, Lovley DR. Melhoria da degradação anaeróbia do benzeno com a adição de sulfato. Biorem J 1998; 2: 159-73.

Weir SC, Dupuis SP, Providenti MA, Lee H, Trevors JT. Sobrevivência reforçada com nutrientes e mineralização de fenantreno por Pseudomonas sp. UG14Lr livre e encapsulada em alginato em lamas de solo contaminado com creosote. Appl Microbiol Biotechnol 1995b; 43: 946-51.

Wiesel I, Wubker SM, Rehm HJ. Degradação de hidrocarbonetos aromáticos policíclicos por uma cultura bacteriana mista imobilizada. Appl Microbiol Biotechnol 1993; 39: 110-6.

Wilson NG, Bradley G. Melhoria da degradação do petróleo (gasóleo de soja) num sistema aquoso por pseudomonas fluorescens imobilizadas. J Appl Microbiol 1996; 80: 99104.

Wang H, Xu R, Li F, Qiao J, Zhang B. Degradação eficiente de óleo lubrificante por um consórcio bacteriano misto. J Environ Sci (China) 2010; 22(3): 381-8.

Xua Y, Lu M. Bioremediação de solos contaminados com petróleo bruto: Comparação de diferentes tratamentos de bioestimulação e bioaugmentação. J Hazard Mater 2010; 183: 395401.

Wang YJ, Li HY. Avanços em microorganismos imobilizados e sua pesquisa no tratamento de águas residuais. Biotecnologia 2006; 16: 94-6.

Zheng YT, Min H, Cheng MC. Tecnologia de incorporação de álcool polivinílico e suas aplicações no tratamento de águas residuais . China Biogas 1993; 2: 3-7.

Yang X, Beckmann D, Fiorenza S, Niedermeier C. Estudo de campo da aspersão de ar pulsado para remediação de solos e águas subterrâneas contaminados com hidrocarbonetos de petróleo. Environ Sci Technol 2005; 39: 7279-86.

Zekri, A. Y. e Chaalal, O. (2007).Effect of Temperature on Biodegradation of Crude Oil. Fontes de Energia, 27:1-2, 233-244

Zhang YQ, Tao ML, Shen WD, Zhou YZ, Ding Y, Ma Y, et al. Imobilização de L- asparaginase das micropartículas da proteína do soro de seda natural e seus caracteres. Biomaterials 2004; 25: 3751-9.

Zhao HP, Wang L, Ren JR, Li Z, Li M, Gao HW. Isolamento e caraterização de estirpes de Sphingomonas sp. ZP1 e Tistrella sp. ZP5 que degradam o fenantreno. J Hazard Mater 2008; 152(3): 1293-300.

MIX
Papier aus verantwortungsvollen Quellen
Paper from responsible sources
FSC® C105338

Printed by Books on Demand GmbH, Norderstedt / Germany